建筑的责任

东南大学援建汶川“5·12”特大地震灾后重建工作纪实

Documentation on Donated Post-5·12 Earthquake Reconstruction by Southeast University

东南大学建筑设计研究院
东南大学城市规划设计研究院
东南大学建筑学院

主编：张彤、鲍莉

编委会成员（以姓氏拼音字母为序）：
安宁、鲍莉、段进、高崧、葛爱荣、龚恺、顾震弘、郭学军、韩冬青、孔令龙、刘弥、马晓东、王建国、王兴平、徐春宁、张宏、张澜、张彤、朱仁兴

东南大学出版社·南京

图书在版编目（C I P）数据

建筑的责任：东南大学援建汶川“5·12”特大地震灾后重建工作纪实／张彤，鲍莉主编.—南京：东南大学出版社，2010.5
ISBN 978-7-5641-2188-4

Ⅰ.①建… Ⅱ.①张…②鲍… Ⅲ.①地震灾害—灾区—城乡规划—四川省 Ⅳ.①TU982.271

中国版本图书馆CIP数据核字（2010）第069095号

出版发行：东南大学出版社
社　　址：南京四牌楼 2 号　邮编: 210096
出 版 人：江汉
网　　址：http://press.seu.edu.cn
电子邮箱：press@seu.edu.cn
责任编辑：戴丽、魏晓平
责任印制：张文礼
经　　销：全国各地新华书店
印　　刷：南京新世纪联盟印务有限公司
开　　本：889mm×1194mm 1/16
印　　张：12.25
字　　数：450千
版　　次：2010年5月第 1 版
印　　次：2010年5月第 1 次印刷
书　　号：ISBN 978-7-5641-2188-4
印　　数：1～2500册
定　　价：98.00元

目录

Contents

感自内心的职业责任
永久深刻的心灵记忆

Inherent Responsibility
Eternal Memoriality

张 彤 鲍 莉
ZHANG Tong BAO Li

2008年5月12日14时28分，四川省汶川县发生特大地震。这是新中国成立以来破坏性最强、波及范围最广的一次地震，震级达里氏8级，最大烈度达11度，余震3万多次，涉及四川、甘肃、陕西、重庆等10个省区市417个县（市、区）、4667个乡（镇）、48810个村庄。灾区总面积约50万平方公里、受灾群众4625万多人，其中极重灾区、重灾区面积13万平方公里。截至2008年11日12日，地震造成69225名同胞遇难、374640名同胞受伤、17923名同胞失踪，需要紧急转移安置受灾群众达1510万人，房屋大量倒塌损坏，基础设施大面积损毁，工农业生产遭受重大损失，生态环境遭到严重破坏，直接经济损失8451亿多元，引发的崩塌、滑坡、泥石流、堰塞湖等次生灾害举世罕见。

灾难袭来，震惊世界。灾区的每一次生命拯救、每一声救助呼唤都牵动着全国人民的心，也牵动着东南大学建筑学科所有师生和工程技术人员的心。在灾情发生后的第一时间，东南大学建筑学院、土木学院和建筑设计研究院都主动提出愿意为四川地震灾区重建无偿提供规划和建筑设计服务，与灾区人民一道，重建更加美好的家园。

5月20日，东南大学建筑设计研究院接到江苏省住房和城乡建设厅传达的指示，要在尽可能短的时间内，对江苏省对口援建城市（德阳、绵竹）做好灾后过渡安置援建工作。葛爱荣院长迅速组织高泳、曹伟、刘弥、张澜等同志全力投入过渡安置房的规划设计。在短短的41小时内，方案经过多轮讨论修改，得到江苏省委副书记、省长罗志军同志的亲自审阅，省住建厅厅长周岚同志对方案设计提出指导意见。5月22日，张澜、陈聪同志作为第一批现场规划设计人员赶赴德阳灾区。在余震不断、极其艰苦的环境下，他们日以继夜地忘我工作，只用了一个多星期的时间，就完成了1300多亩过渡安置房的规划设计，得到包括时任建设部副部长黄卫在内的各级领导和当地人民的一致好评。

5月29日，东南大学建筑设计研究院第二批赴灾区现场工作人员在高崧副院长、曹伟所长的带领下赶赴绵竹灾区。设计组在抗震救灾第一线，以极大的工作热情和忘我精神，废寝忘食地工作。在短短六天时间里，参与了180万平方米过渡安置房的规划设计，完成了绵竹市40000平方米抗震救灾医院的规划和单体建筑设计。六天时间里，设计组的成员睡眠时间总共不到12个小时。至6月底，江苏省援建绵竹灾区过渡安置房已经完成2.6万余套，在最短的时间里，为灾区人民解决了灾后临时安置的需求。

6月底，根据江苏省对口援建四川省绵竹市灾后重建的统一部署，绵竹市广济镇的灾后重建工作由昆山市对口援助。广济镇地处绵竹市西南边缘，距地震震中直线距离37公里，镇域面积28.1平方公里，震后人口23098人。广济镇属龙门山脉地带，在本次地震中受灾总户数8722户，受灾总人数24060人，死亡195人，房屋损毁70864间，交通、通讯、电力基本瘫痪。广济镇灾后重建的规划设计工作从2008年7月初开始，东南大学建筑学院、东南大学城市规划设计研究院、东南大学建筑设计研究院全面参与了广济镇灾后重建的规划设计工作，负责完成从总体规划到建筑单体、直至景观环境与室内设计的大部分规划设计工作。

7月3日，东南大学城市规划设计研究院一行5人在段进副院长、孔令龙教授的带领下，奔赴绵竹市广济镇，深入受灾第一线和村庄实地踏勘，了解建设场地，充分听取当地灾民的意见。其后，张彤教授、邓浩副教授、徐春宁规划师等设计人员多次赶赴灾区，进行现场调研和设计。他们运用丰富的工作经验，结合当地的社会经济状况、地形地貌和气候特征，在昆山援建指挥部和当地政府的积极配合下，只用了不到四周的时间，就基本完成了广济镇镇区总体规划、农村集中居住点规划和村民住宅的建筑设计。2008年9月，广济镇总体规划获得评审通过。

为了迅速改变广济镇震后民生状况，满足灾民的基本生活需求，在城镇规划框架基本确定之后，东南大学建筑学院和建筑设计研究院旋即组织精兵强将，投入到援建单体建筑的设计工作之中。第一批援建公共建筑包括卫生院、小学校、幼儿园和福利院，设计工作从2008年8月开始，10月完成施工图设计。至2009年8月底，第一批援建的四个项目全部竣工，交付使用。第二批援建建筑包括文化中心、便民服务中心、安居房和廉租房，设计工作从2008年8月开始，至2010年4月竣工。在一年多的时间里，设计组成员在王建国院长、韩冬青教授、张彤教授、鲍莉副教授的带领下，赴现场踏勘调研、设计和指导施工达十余次之多。正是由于他们出自内心的职业责任感和丰富的设计经验，加之昆山援建指挥部的精心组织、施工监理单位的高质量施工，广济镇灾后重建建筑的整体设计和施工质量达到较高的水平，得到江苏省、四川省灾后重建指挥部门以及当地人民的一致好评。第一批和第二批援建建筑建成之后，在镇区中心形成了具有显著城镇空间特征并保留乡土气息的新市镇环境，广济镇成为绵竹市各个重建市镇中最具整体质量的范例。

2008年6月初，教育部在北京召集包括东南大学建筑设计研究院在内的部属九所高校设计院，部署编制《汶川地震灾后重建学校规划建筑设计导则》(简称《导则》)的工作。在此基础上，为地处重灾区的32所中小学校、幼儿园援助设计了规划设计方案，并汇集出版《汶川地震灾后重建学校规划建筑设计参考图集》简称《图集》，这两项工作均于2008年10月份完成。东南大学建筑设计研究院积极响应号召，组织了强有力的领导班子和技术力量参与两项工作，为此获得教育部表彰。葛爱荣院长、孙光初院长、沈国尧总建筑师、吴志彬总工程师、马晓东副总建筑师先后多次参与《导则》的编制、讨论与修改工作，吴志彬总工程师作为结构专家成为《导则》主要起草人之一。在沈国尧总建筑师、马晓东副总建筑师指导下，设计院李大勇、庄昉、倪慧、穆勇等青年建筑师不辞辛劳，加班加点完成了《图集》中彭州市葛仙山九年制学校及幼儿园、罗江县金山初级中学、德阳市东电高级中学、绵竹市南轩高级中学共4项建筑设计任务。其中，作为四川省重点中学的南轩中学，于2010年1月建成，60个班3000名学生在这里开始了崭新的学习和生活。德阳市东电高级中学也在施工建设中。

除了上述灾后重建项目的规划设计，东南大学建筑学院、城市规划设计研究院还承担了四川省彭州市丽春镇灾后重建总体规划、绵竹市城东新区概念规划设计、松潘县城北片区控制性详细规划和重点地段规划；东南大学建筑设计研究院、建筑学院承担了绵竹市多项单体建筑的设计工作，其中由马晓东副总建筑师负责的绵竹市第一、第二示范幼儿园，张宏教授负责的绵竹市第三示范幼儿园和救助站均已于2009年9月竣工并交付使用，得到绵竹市有关部门和当地群众的一致好评。东南大学建筑设计研究院承担的单体建筑设计项目还包括绵竹市城南中学、绵竹市城北中学、德阳市第五中学高中部和绵竹市就业和社会保障综合服务中心等。

作为国内一流的建筑学科教学科研单位，2008年6月至12月，东南大学建筑学院还与清华大学建筑学院、广东省建筑设计研究院一起，共同承担了中国科学技术协会的研究课题“地震灾害的建筑预案研究”。王建国院长带领课题组深入汶川大地震灾区进行实地调研，确定研究方向和目标。课题研究的成果指出了城市抗震减灾的关键问题，包括城市用地的合理选址、城市抗震减灾应急预案的研究、城市抗震减灾组织管理体系的建立等；课题研究报告提出了城市规划层面的抗震减灾建议，包括编制城市用地抗震评价规划、完善城市抗震减灾应急预案、健全城市抗震减灾体系等。

撼动大地、震慑人心的汶川大地震已经过去将近两年了，两年前抗震救灾、拯救生命的情景依然历历在目。两年来，东南大学建筑学科的师生和工程技术人员，不计个人安危与得失，从地震发生后的第一时间就赶赴救灾前线，全面参与了从抗震救灾到灾后重建的各项工作。他们以发自内心的职业责任感和极大的工作热情，将自己的爱心和全部的专业所学奉献给灾区人民重建家园的事业之中。

看到灾区学生重新回到窗明几净的课堂，看到孩子们在幼儿园玩耍的灿烂笑脸，看到病人在卫生院休养时的安详面容，我们为自己两年来的付出和辛劳感到骄傲，这是我们从事的职业能够给予的最大幸福。

汶川大地震

Wenchuan Earthquake

2008年5月12日14时28分，四川省阿坝藏族羌族自治州汶川县发生里氏8.0级特大地震。

地震造成四川、甘肃、陕西、重庆、云南、贵州、湖南、湖北等10省市逾50万平方公里面积受灾。

截至2008年11月12日，死亡人数69225人，受伤人数374640人，失踪人数17923人。

汶川大地震发生于北京时间2008年5月12日14时28分04.1秒（协调世界时5月12日06时28分04.1秒），震中位于中华人民共和国四川省阿坝藏族羌族自治州汶川县映秀镇附近、四川省省会成都市西北偏西方向79千米处。根据中国地震局的数据，此次地震的面波震级达8.0Ms、矩震级达8.3Mw（根据美国地质调查局的数据，矩震级达到了7.9Mw），破坏地区超过10万平方公里。地震烈度可能达到11度。

地震波及大半个中国及多个亚洲国家和地区。北至北京，东至上海，南至中国香港、澳门、台湾地区以及泰国、越南，西至巴基斯坦均有震感。

截至2008年11月12日，死亡人数达69225人，是中华人民共和国成立后破坏力最大的地震，亦是唐山大地震后伤亡最惨重的一次。地震造成的直接经济损失达人民币8451亿多元。地震后中国首次容许媒体24小时传播灾情，灾情引起民间强烈回响，全国以至全球纷纷捐款，累积捐款额超过人民币500亿元。除军方调动和平时代以来最庞大的队伍救灾外，大量志愿者亦加入救灾，国内外也皆派出人道救援队伍。外界除了关注地震灾情外，亦注视它如何改变中国社会的面貌。

5月22日，民政部下发紧急通知，确定由北京等21个省份分别对口支持四川省的一个重灾县，通知要求，各地对口支援四川汶川特大地震灾区，提供受灾群众的临时住所，解决灾区群众的基本生活，协助灾区恢复重建，协助灾区恢复和发展经济，提供经济合作、技术指导等。

21个省份的对口支援情况是：上海对口支援都江堰市，湖南对口支援彭州市，黑龙江对口支援温江区，山西对口支援郫县，内蒙古对口支援大邑县，河北对口支援崇州市，江苏对口支援绵竹市，北京对口支援什邡市，辽宁对口支援安县，山东对口支援北川县，吉林对口支援平武县，河南对口支援江油市，广东对口支援汶川县，福建对口支援理县，天津对口支援茂县，安徽对口支援松潘县，江西对口支援小金县，广西对口支援黑水县，浙江对口支援青川县，湖北对口支援汉源县，海南对口支援宝兴县。

映秀镇震后景象
Yingxiu Town after Earthquake

2008年5月21日，北川县城的震后景象
Beichuan after Earthquake，21/05/2008

地震后，汉旺镇上一名学生在上学途中
A Student of Hanwang Town on the Way to School after Earthquarke

绵竹市广济镇新和村一个女孩在自家震后废墟中
A Girl is Sitting in Remains of Her Home after Earthquake, in Xinhe Village, Guangji Town, Mianzhu

抗震救灾

Earthquake Relief

迅速反应

Quick Response

积极发挥学科优势 推动教育抗震救灾

我校愿为灾区重建无偿提供规划与建筑设计服务

Southeast University is willing to Provide Planning and Design for Post-earthquake Reconstruction Voluntarily

本报讯 5月12日四川汶川发生了8.0级强烈地震，灾情牵动着全国人民的心。虽远在千里之外的南京，东南大学四万名师生员工始终与灾区人民感同身受。我校一直有着报效国家、服务人民的光荣传统。在重大灾情面前，更应主动承担起义不容辞的社会责任。我校还是中国现代建筑教育的发源地，在建筑、规划、土木结构等方面拥有雄厚的实力，能够为灾区重建过程中的城乡规划与建筑设计作出应有贡献。建筑学院、土木学院和设计院都主动提出为四川地震灾区重建尤其是学校重建无偿提供规划和建筑设计服务，与灾区人民一道，重建更加美好的家园。

（东南大学校报 2008年5月20日第1060期）

41小时的紧张设计——江苏省援建地震灾区过渡安置点设计

41 Hours Intensive Design—Makeshift Residences Donated by Jiangsu Province

05/2008

设计人员：高泳、曹伟、刘弥、张澜、陈聪、陶金、刘俊、王鹏（大）、史晓川、竺炜、赵志强、陈磊、钱锋、顾频捷、王新跃

绵竹灾区过渡安置点设计
Design for the Makeshift Residences in Mianzhu

“5·12”汶川大地震是一场巨大的自然灾难，许多人失去了学校、家园乃至宝贵的生命。但也就在同一时间，党和国家领导人作出了最为快速的反应——在党的领导下，动员社会各界全力投入到灾后的救助援建工作中去。集结号一吹响，地震救援队、部队官兵组成的抢险队、医疗救助队、灾后重建组、志愿者等等队伍火速集结，立即展开了一场轰轰烈烈的灾后的救助援建战役。

东南大学建筑设计研究院也很快接到了江苏省住房和城乡建设厅传达的指示：要在尽可能短的时间内，对江苏省的对口援建城市（德阳绵竹）做好灾后过渡安置援建工作。接到通知，东南大学建筑设计研究院院领导极为重视，并第一时间在设计院内组织了设计团队，配合江苏省住房和城乡建设厅展开工作。

5月20日，在接到通知的当天下午，东南大学建筑设计研究院设计团队紧锣密鼓地筹划过渡安置住宅的设计工作，并仅在短短一天时间就向江苏省住房和城乡建设厅提出了两套拟建规划模式方案及多套住宅、中小学校的单体设计方案。为保证设计的可行性、居住的舒适性和造型的美观性，设计团队日夜奋战，方案在两天时间内历经了多轮讨论修改。通过电话向胡总书记汇报，规划及单体方案也得到了江苏省委副书记、江苏省省长罗志军同志的亲自审阅，江苏省住房和城乡建设厅厅长周岚同志对过渡房的设计也提出了原则性的指导意见。

作为灾区现场规划及建设的前期备战成果，41小时的后方紧张设计，为迅速开展灾后安置工作奠定了坚实基础！

5月15日东南大学建筑设计研究院规划所所长高泳代表规划所向院领导请愿，希望能够参加支援灾后重建的工作，并着手收集资料、了解当地风土民情和临时板房的技术参数。

5月20日晨，葛爱荣院长带领高泳、曹伟两位所长到江苏省住房和城乡建设厅接受任务，进行灾后安置房的单体设计，并指定21日早上8点必须拿出图纸。陈磊和赵志强老师当日赴苏州彩钢板厂家调研。高泳在当日组织了一个设计小组，立刻全力投入过渡房方案一的设计。高泳、顾频捷、陈聪、王新跃负责厕所、宿舍等过渡房的单体设计，张澜进行规划设计，陶金配合进行绘图。东南大学设计研究院方案所由曹伟所长带领刘弥、史晓川、王鹏（大）等人组成另外一个小组进行第二方案的单体设计。下午5点左右基本完成了方案设计。当日晚12点，向江苏省委省政府领导汇报，得到充分肯定。

21日东南大学建筑设计研究院规划所设计人员继续完善设计方案，方案所着手进行单体施工图设计。

刘弥向罗志军省长和周岚厅长汇报方案
LIU Mi was Presenting the Proposals to LUO Zhijun, Governor of Jiangsu Province & ZHOU Lan, Director-General of Jiangsu Provincial Construction Department

施明征副院长与梁保华书记、罗志军省长、周岚厅长、李一宁副秘书长在救灾现场
Vice Director SHI Mingzheng was Working with LIANG Baohua, Communist Party Secretary of Jiangsu Province, Governor LUO Zhijun, Director-General ZHOU Lan & LI Yining, Deputy Secretary-General of Jiangsu Provincial Government

周岚厅长、陈继东处长在听葛爱荣院长等的方案汇报
Director-General ZHOU Lan & Director CHEN Jidong were Listenning to the Proposal Report by Director GE Airong

周岚厅长、陈继东处长与葛爱荣院长、刘弥在讨论方案
Director-General ZHOU Lan & Director CHEN Jidong were Discussing the Proposals with Director GE Airong and LIU Mi

安置点规划方案1

Plan-Proposal 1 for Makeshift Residences

方案1鸟瞰图

Bird View of Proposal 1

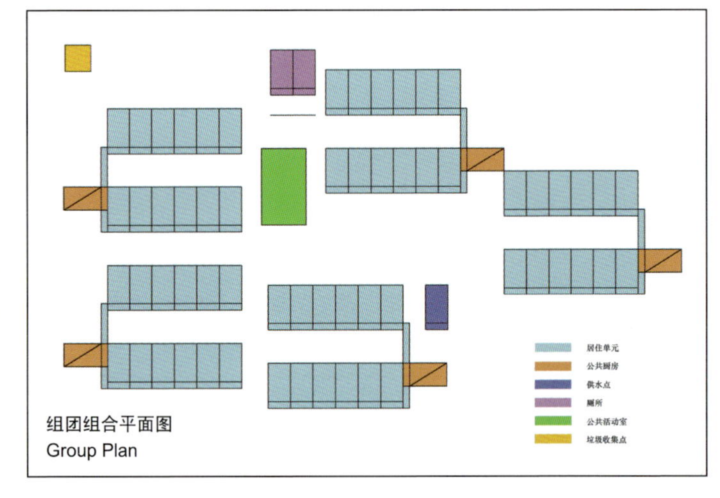

组团组合平面图

Group Plan

单体透视

Perspective

单体透视

Perspective

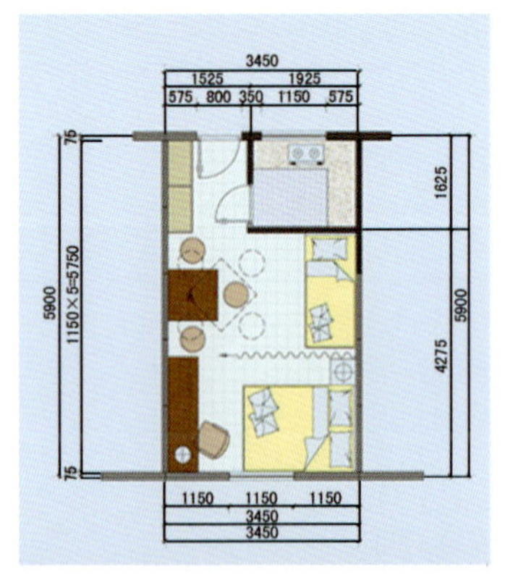

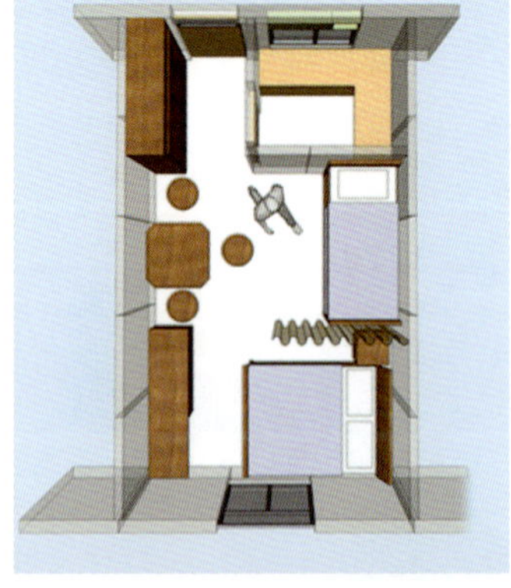

安置点规划方案2

Plan–Proposal 2 for Makeshift Residences

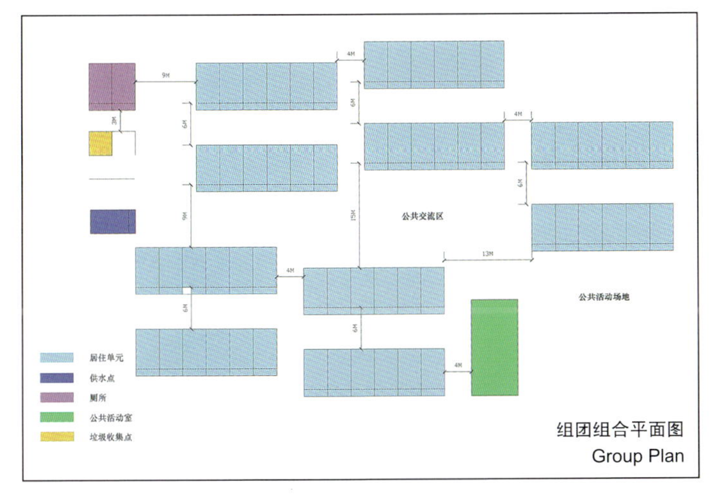

组团组合平面图

Group Plan

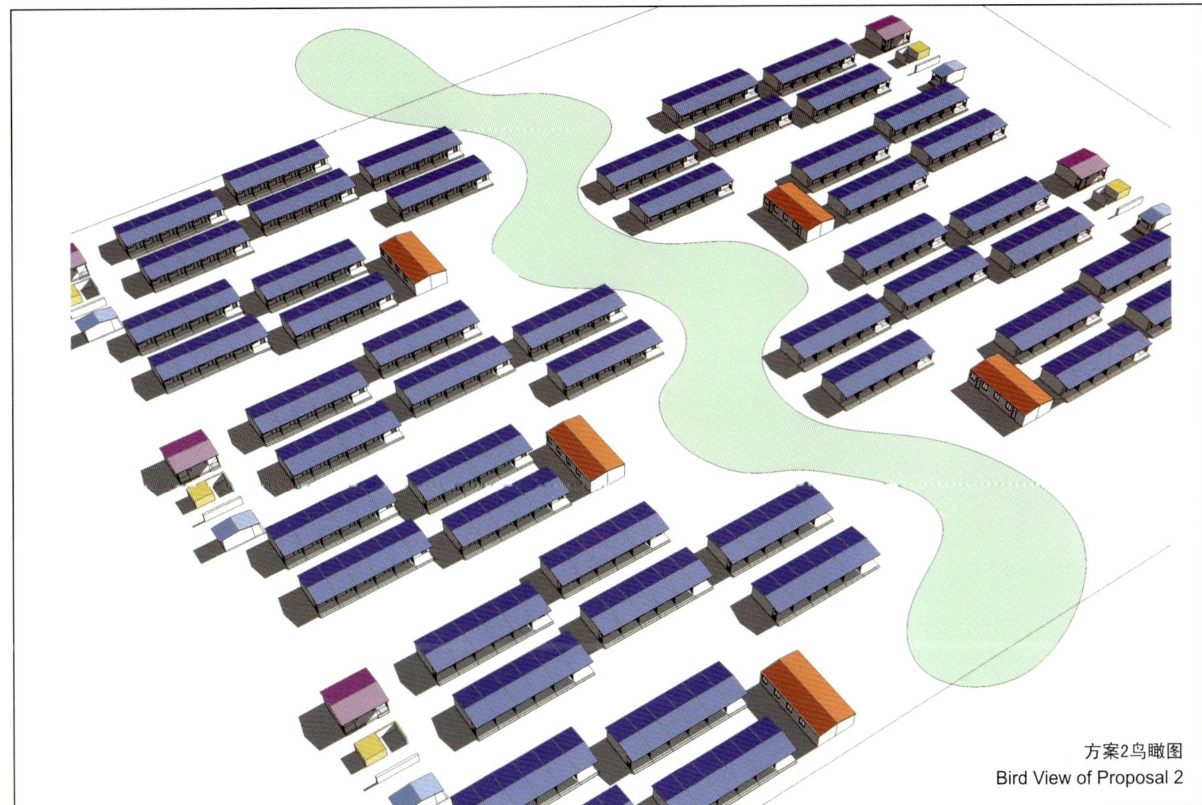

方案2鸟瞰图

Bird View of Proposal 2

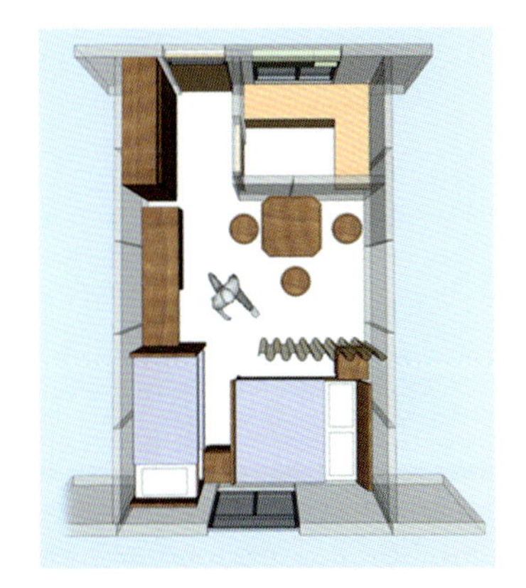

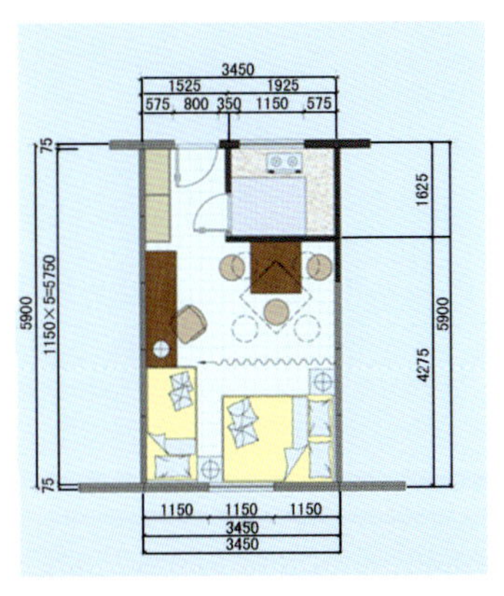

单体透视

Perspective

组团透视

Group Perspective

江苏省支援绵竹市灾后过渡安置点首批现场规划设计

四川德阳地震灾区约180万平方米（8万套）过渡安置房

Field–Planning on the First Batch of Makeshift Residences in Mianzhu Donated by Jiangsu Province

05/2008

设计人员：张澜、陈聪等

援建报告——张澜

Working Journal, ZHANG Lan

2008年5月12日，无疑将成为所有中国人永远无法忘却的惨痛记忆。这一天下午的2时28分，中国西部的四川汶川县，发生了里氏8级的强烈地震，刹那间夺去了无数人的生命。这场巨大的灾难牵动了全国人民的心，我也不例外。20日和朋友吃饭还在讨论利用暑假的时间去灾区做志愿者，当然最好能够与专业结合参与援建的工作。21日晚，当领导征求我意见，能否作为单位参与援建工作的先遣队赶赴德阳时，我毫不犹豫地答应了。一方面，能够接受这么艰巨而光荣的任务，说明了领导的信任，另一方面，与我自己的想法相合，还能更早地参与到援建工作中去，为灾区人民多做点事。

22日中午，赶赴德阳。和我同行的还有我们规划所的陈聪。我们带着7件沉甸甸的行李，里面是单位领导为我们连夜准备的各种装备、器材、药品、绘图工具、生活用品等。我们做好了在帐篷里赶图的思想准备。

灾区的工作强度和速度是我们无法想象的。当天晚上开始进行1号地块过渡安置房的规划，第二天工地要按照规划图纸平整场地、灌注混凝土。时间紧迫，压力是巨大的，我们的内心都极度希望能够早一天建成安置房，让受灾群众能够早一天改善居住条件。另一方面，还要保证图纸质量和符合相关法规，否则返工的话就更浪费时间。经过一个通宵的赶图，我们第二天顺利地拿出了图纸，受到建设部黄卫副部长的好评，并建议作为各地方援建项目的蓝本。领导的肯定是对我们的鞭策，激励我们更加努力地工作。接下来的一个多星期，我和陈聪每天加班工作，总共完成了近1300多亩的过渡安置房规划设计。

6月25日，据新闻报道，江苏省援建绵竹过渡安置房已经超额完成，共计2.6万余套。在短短一个多月的时间，我省完成了艰巨而重大的任务。

6月的某天，我们参加了东南大学抗震救灾报告会，听了东南大学附属医院和土木学院抗震救灾人员的报告。他们每日冒着生命危险奔波于受灾严重的地区治病救人，在破损的建筑内检测鉴定。相对于他们，我们虽然每天只能睡两三个小时，但我们有热水澡洗；我们虽然经常在工地奔波，但回来我们有热菜吃；我们虽然睡在宾馆的地上，但是没有危险……相对这些赴灾区救灾的医生护士和土木学院的教授们，我们做得还远远不够。

回顾在四川援建设计的日子，我颇有感触。灾区倒塌、受损的房子，受难者亲人痛苦的脸庞历历在目。我所能做的，仅仅是为他们规划一些过渡安置房。这只能解决他们3～5年的安身之处，而他们所受的心灵的创伤，何时能够愈合呢？

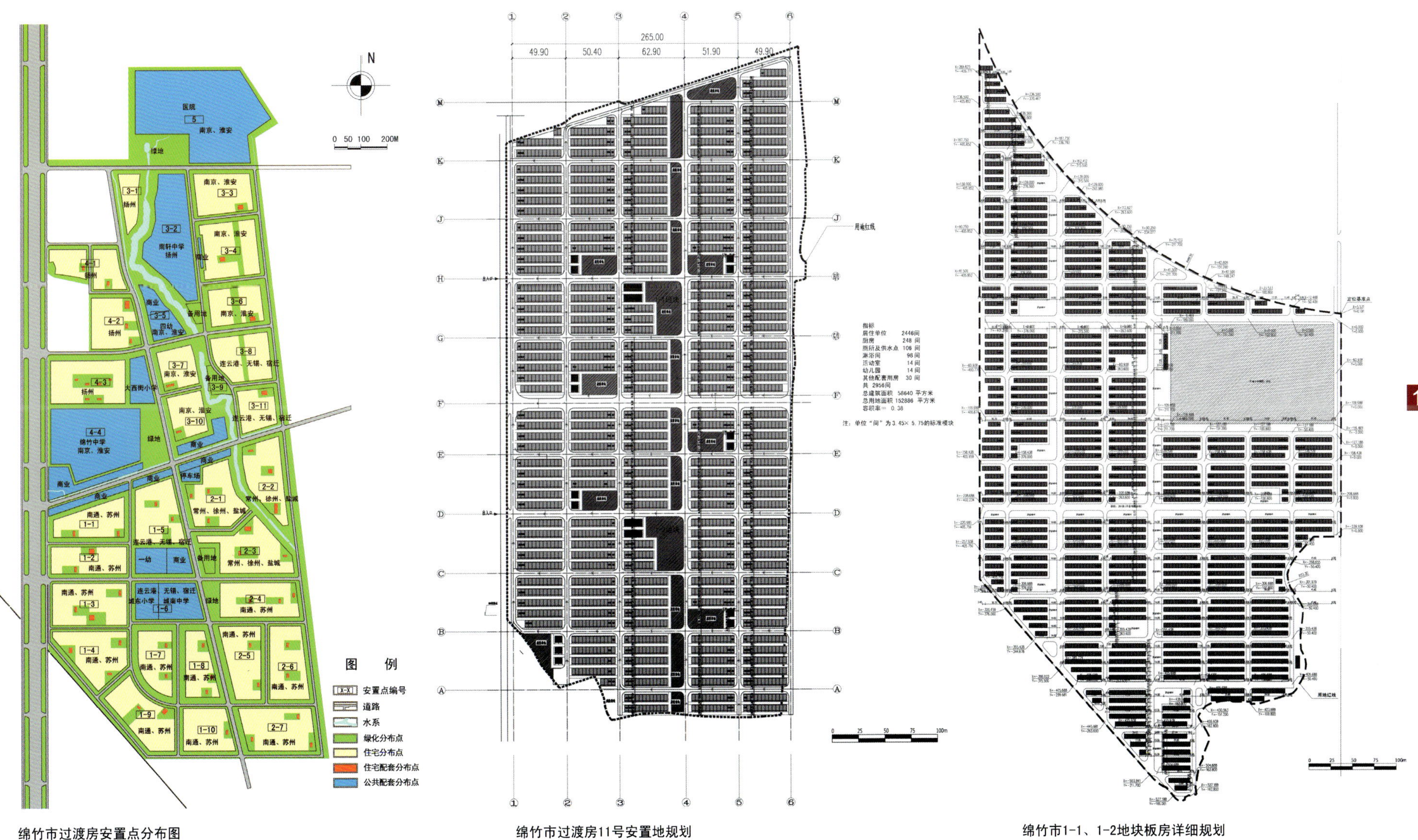

绵竹市过渡房安置点分布图
Location Plan of Makeshift Residences

绵竹市过渡房11号安置地规划
Planning of Plot No.11

绵竹市1-1、1-2地块板房详细规划
Planning of Plot 1-1, 1-2

援建报告——陈聪

Working Journal, CHEN Cong

"5·12"四川汶川大地震给四川人民带来了巨大的灾难。当看到灾区的同胞们受灾的画面时，我的心好像被什么揪住了一样，鼻子酸酸的，眼泪在眼眶里直打转。我们可爱质朴的同胞们啊，请你们一定要坚强，一定到坚持！有全国各族人民在关心、关注和帮助你们，你们一定会很快恢复正常的生产生活的！我们与你们同在！

在灾害发生后，党和政府、人民军队等第一时间里向灾区启动了紧急救援预案，实施了大规模的救援行动，各项救援救助工作紧张有序地进行。

5月15日在东南大学建筑设计研究院规划所所长高泳的倡议下，高泳、张澜、陈聪（本人）即向领导请愿，希望能够参加支援灾后重建的工作——我们唯一的目的就是希望能够为四川灾民重建家园尽一份绵薄之力。5月20日高泳所长组织了一个设计小组，立刻全力投入安置房单体方案设计——小组成员包括：高泳、张澜、顾频捷、陈聪、王新跃。东南大学建筑设计研究院方案所由曹伟所长带领了另外一个小组进行第二方案的设计。当日晚12点，在与江苏省住房和城乡建设厅的领导开会讨论后，江苏省厅领导及省长对高泳所长设计的单体方案比较推崇，决定21日下午必须把该方案施工图纸设计完成并出图。

5月21日收到东南大学建筑设计研究院领导电话，安排张澜、陈聪（本人）二人22日去四川德阳进行现场灾民安置点相关规划设计工作。5月22日下午6点我们与南京市民用建筑设计研究院的钟容总建筑师等2位设计人员一同抵达成都双流机场之后即乘车前往位于绵竹的灾民安置区现场看地形。晚上8点我们终于到达绵竹灾民安置点1号地块，并且见到了江苏省住房和城乡建设厅顾小平副厅长，我们知晓江苏目前的援建用地是周边的1号、8号、11号三块用地。晚10点我们回到德阳国防宾馆，在与中国城市规划设计研究院专家接触后，我们大致了解了一些大的规划条件并且拿到了建设部21日最新颁布的灾民安置房设计导则及中国城市规划设计研究院前期研究分析的一些关于安置区设计的建议及资料。当晚顾小平副厅长给我们布置了任务——一晚上完成1号地块的规划设计方案，第二天下午将该方案展示给建设部黄卫副部长看。

由于四人中间我和张澜擅长进行修建性详细规划设计，所以这一重任自然就由我们两个来承担了。我们回到房间进行了初步讨论，确定了大框架之后发现中国城市规划设计研究院提出的建议容积率0.4是一个理论极限，难以达到。当时时间已近午夜12点，时间刻不容缓，我和张澜当即决定一边商量一边研究文件，并开始画图。到23日早上6点，一号地块的初步规划图终于完成，我们内心都感到无比欣慰。23日中午我们去德阳规划局把图纸打了2张0号大图，下午建设部黄卫副部长在8号地块的江苏省援建剪彩仪式上仔细观看了我们的设计图纸，由钟容对其作了详细地介绍。黄卫副部长对我们的规划方案极为赞赏，并说要求各省要向江苏学习。至此我们心中的一块大石头算落下了。但是紧接的任务来了，江苏省住房与城乡建设厅要我们当晚深化规划方案，明日提出具体施工图纸以便现场进行放线，进行基础施工。

24日一早，由钟容和我在现场放线，张澜和另一设计人员在宾馆继续完成图纸。现场放线施工时我们首先发现当地放线出现5～6米误差，及时予以指出改正；同时发现单体施工图纸在设计的时候由于时间紧迫，没有考虑使用的彩钢夹心板本身的厚度，造成基础宽度不够，我在现场立刻验算提出单体每边应该预留的余量尺寸。

26日情况又改变了，用地变为1000亩。当晚我和张澜拿到新用地红线地形图时发现一个严重的问题——由于地块过于庞大，必须对周边进行城市道路和市政公用设施的整体规划，不然对于今后安置区的使用乃至整个城市的发展都会有不良的影响。我们立刻向顾小平副厅长反映了这个问题，顾小平副厅长了解情况后，决定立刻从南京的设计院中调若干做城市总体规划的人才到德阳进行总体规划设计。最终我们江苏的地块将增加至1950亩，其中还要专门设置集中的中学、小学、医院等设施。

26日南京市规划设计研究院派来了3人专家组进行了2000亩地块的整体总体规划设计。27日南京市建筑设计研究院和东南大学建筑设计研究院又增派援建设计人员至德阳共12人。29日，东南大学建筑设计研究院在高崧副院长和曹伟所长的带领下又向前方增援了5人。高崧副院长到来之后考虑我们已经连续高强度工作多日，所以决定让我们31日回南京。

回想一下，本次援建四川灾区的整个工作其实只有10天，我们所到的地方生活条件很好——没有预期的那么艰苦，而且我们进行的工作比起在一线工作的很多人员要安全得多。我们唯一能做的就是认真、仔细、快速、负责地完成这一责任重大的设计任务，并为后续的设计人员打好艰巨的第一仗。我们唯一的目的是为灾区人民尽一点力，让他们能早日搬入新居；并且给东南大学、东南大学建筑设计研究院争得一份荣誉。

2008是充满希望的一年！2008也是充满激情的一年！尽管现实如此残酷，但我们坚信：在中国共产党和中国政府的英明领导下，我们必将渡过所有难关！

祝福灾区的同胞们！ 任何天灾人祸都击不倒勤劳勇敢的中国人民！

1. 集中安置点视景
Makeshift Residences

2. 张澜、陈聪等在救灾现场忘我地工作
ZHANG Lan and CHEN Cong Working at Field

3. 王颖铭、马志虎等现场工作
WANG Yingming & MA Zhihu Working at Field

4. 施工现场
Construction Site

6日完成设计的绵竹市抗震救灾医院

Earthquake Relief Hospital Designed within 6 Days, Mianzhu

06/2008

设计人员：葛爱荣、高崧、曹伟、孔晖、刘弥等

5月28日中午1时左右，东南大学建筑设计研究院接到上级通知，绵竹市需要建设一处40000平方米左右的抗震救灾医院，急供灾后伤病员救治用。该医院为江苏省和北京军区255医院共同援建的板房医院，占地约169亩，建筑面积约40000平方米，拥有800张病床，其中包括绵竹市人民医院、中医院、妇幼保健院、卫生执法监督所、计划生育指导站、血防所等。该医院是四川省当时规模最大、功能最全的抗震救灾医院，设计有门诊区、急诊区、住院区、医技区、感染病区、动力供应区、行政办公区、医务人员生活区等。

自接到上级通知时，东南大学建筑设计研究院领导立刻组织我院医疗建筑设计专家组前往灾区现场设计。该设计从勘察地形开始至设计施工图交出仅耗时十余天，此任务由前后方数十位设计师的日夜奋战才得以完成，创造了小小的奇迹。

5月29日下午，由东南大学建筑设计研究院高崧副院长，创作所曹伟所长带队的五人设计组收拾行装，飞往前线灾区。顾不上旅途劳顿，29日晚约7时，设计团队一到达绵竹市灾后安置点便直接赶往医院基地踏勘现场，并与现场指挥部内的领导专家们开了一个简短的工作部署会议，到达驻地已是晚上10点多。设计组披星戴月，挑灯夜战，终于在7个小时内将规划方案顺利完成。未能小憩片刻，又直接赶往指挥部领导、绵竹医院领导组织的医院规划方案讨论会。会上，规划方案得到了一致肯定并通过。

30日中午，设计组立刻转入到建筑单体的深入设计当中。对这座临时性的大型救灾医院的要求是单层、快速建造、符合医疗标准，材料及结构构造方式也已经给定。在高崧副院长、曹伟所长的精心组织下，设计组日夜兼程，频繁讨论优化，累了就在桌边上打个盹，或者在德阳—绵竹的往返车上睡上一觉，饿了就近简单吃上一顿。终于，攻克了一个个设计难点，解决了一个个现场设计施工矛盾，并在短短六天时间内，把一份沉甸甸的绵竹抗震救灾医院的规划及各建筑单体方案的施工图交到了江苏省住房和城乡建设厅副厅长、驻前线灾区指挥部指挥顾小平的手里。设计组成员们在六天的时间里，长短加起来仅仅睡了不到12个小时。

这是异常紧张的一周，这是卓有成效的一周，每当想到灾区的伤病员们能够不再在高温烈日下住在帐篷里接受治疗，能够更快地住进舒适的抗震救灾医院当中去，大家心里就会泛起一阵阵喜悦的浪花。

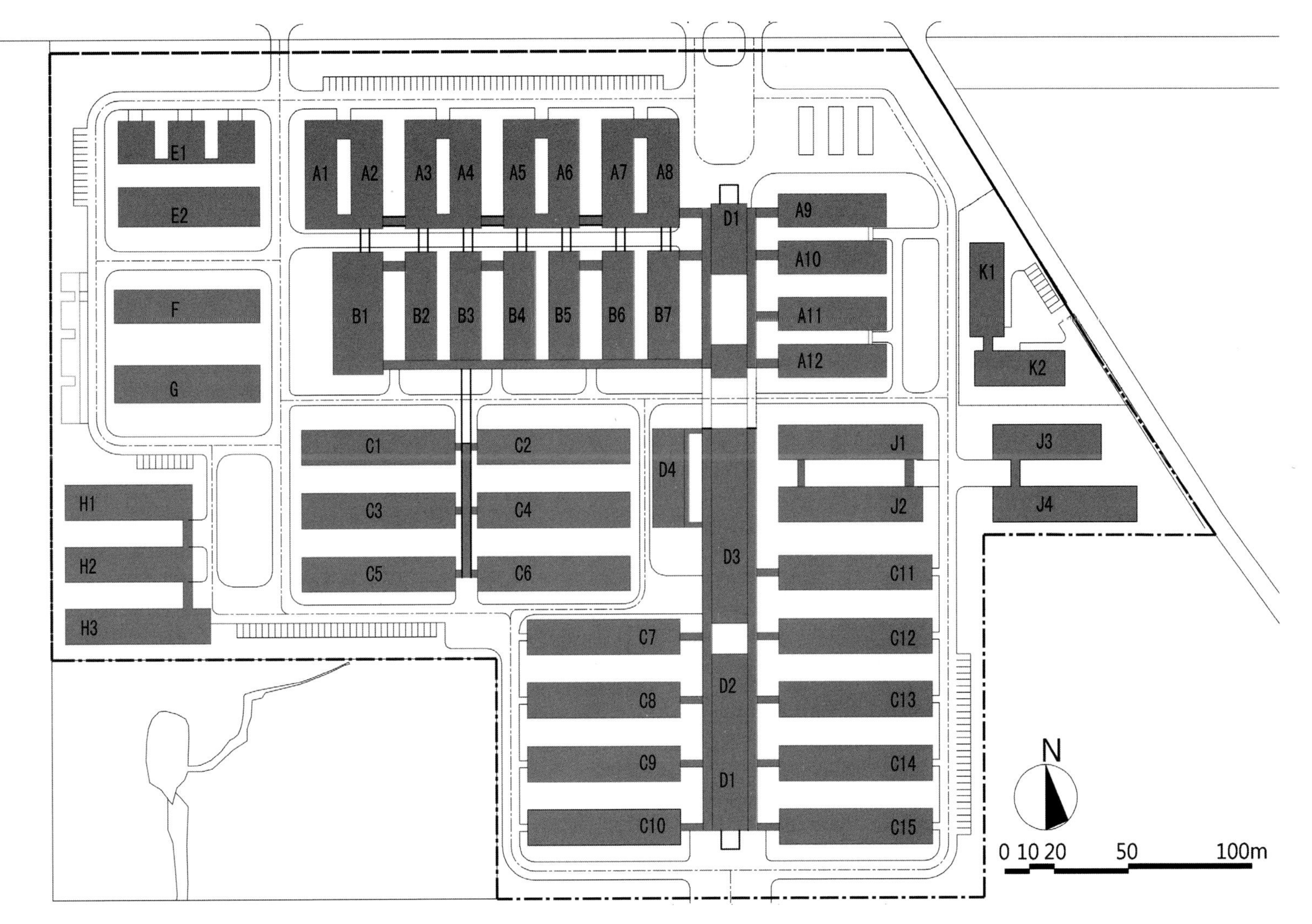

总平面图
Master Plan

高崧副院长在现场介绍方案 Vice Director GAO Song was Introducing the Planning Proposal

主入口透视 Main-Entrance of the Hospital

高崧、刘弥、曹伟(右起)在现场紧张地工作 GAO Song, LIU Mi and CAO Wei Working at Feild

建成后的板房医院 The Makeshift Hospital

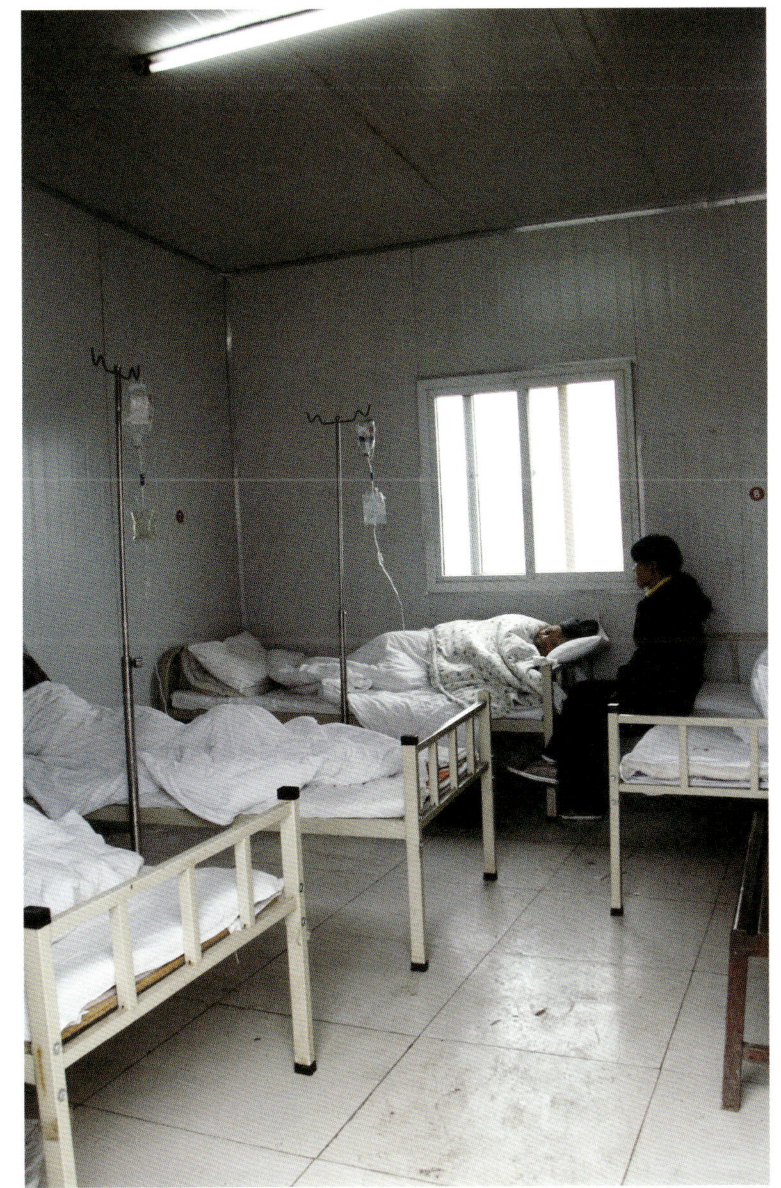

病房室内透视
Interior of an Inpatient Room

板房医院内部
Interior of the Makeshift Hospital

门诊部
The Clinic

绵竹市集中安置灾民板房区建设

Construction of Makeshift Residences in Mianzhu

援建报告——高崧

Working Journal, GAO Song

2008年5月19日下午2点28分全国人民为四川地震中的死难者默哀，并祈愿“天佑中华”……自开始听到深埋于地震废墟中的小学生用咏唱国歌来互相鼓励的事迹起，地震后的一星期，我们被各种感人的事例影像包围着，时不时潸然泪下，陷入深深的悲痛之中。面对灾难中的人们，仅仅同情和哀痛是远远不够的。当15名英勇的空降兵奋不顾身跳向灾区时，当抢险队员舍生忘死创造一个又一个拯救生命的奇迹时，当灾民们面对巨大灾难坚强地自救互助时，我们东大建筑人都充满着强烈的使命感：行动，必须立即行动，向灾区人民伸出援助之手。

5月20日接江苏省住房和城乡建设厅传达的上级指示，在最短的时间里拿出江苏省援川居民安置点规划、住宅、小学、邮政以及商业配套等方案。

5月22日东南大学建筑学院即派出首批驻川现场设计人员，在第一时间作出反应，做了大量的开创性工作，为以后的设计积累了经验，奠定了基础。

随着江苏省支援四川过渡安置房建设工作的大面积迅速展开，按照江苏省委、省政府的统一布署，东南大学建筑学院又分7批次共派出13名一线设计人员冒着生命危险，克服重重困难，昼夜奋战在第一线，与后方几十位设计师以及其他设计院派驻现场人员一起，在江苏省支援四川过渡安置点建设指挥部的统一领导下，顺利完成了江苏省援川过渡安置点的总体规划（约2560亩），过渡板房住宅（19000间），绵竹市抗震救灾医院（40000平方米，800张病床），三所中学（绵竹市城南中学，绵竹市城北中学，四川省绵竹中学），两所小学（绵竹市城东小学，绵竹市大西街小学），两所幼儿园（绵竹市第一示范幼儿园，绵竹市第四示范幼儿园），商业配套等过渡板房的全套建筑以及规划区域内给排水等设计和现场指导与施工配合工作。其间，参与人员几乎是不眠不休，特别是绵竹抗震救灾医院的设计人员。众所周知，医疗建筑是所有建筑类型中流线和功能最为复杂的，我们承担的设计任务则更具特殊性。因此，即使我们的设计团队身经百战，也面临着巨大的挑战。我们想到身后有着庞大的施工队伍在急等设计图纸，有千千万万的灾民在急需救助，急施工队伍所急，想灾区人民所想，在开始的一星期我们每个人加起来休息的时间仅10多个小时……另外，东南大学建筑学院为了完成抗震救灾板房设计任务，延迟了10多项其他正常的设计项目的交付。当我们与相关业主协商时，这些业主无一例外都表示了支持，让我们深深感动，真是13亿人民亲如一家。还有，在前方有不同设计单位的人员，大家不分彼此，不计得失，协同作战，共同完成了几乎不可能完成的设计任务。这其中的甘苦也只有亲身经历方能真正感受到，这就是建筑人的社会责任。

援川抗震现场设计的那段时光，是那样的充满意义。那段时间所亲历的一切让我们深切地感受到了每个人的心底，都有那么一份至诚至深的关爱，我们是生活在一个充满善良温暖的世界，这份深爱和关切，让13亿双手紧紧相握。我们为自己的民族感动，为自己能亲身加入到这场和天灾的抗争中自豪，也为自己是个中国人自豪。这个世界上没有哪个国家的总理在灾难发生两小时就飞赴灾区；没有哪个国家能在短短几天内集结十多万兵力参与救援；没有哪个国家能在一台晚会上筹得企业和个人捐款十几亿元；没有哪个国家因争相献血支援灾区而造成交通堵塞。这些天，我们收获了无数的感动……

中国，加油！

集中安置点全景照片

Panorama View of Makeshift Resdences

排水系统
Open Drainage

建设中的安置房
Makeshift Residences under Construction

洗手间
Water Closet

援建报告——毛烨

Working Journal, MAO Ye

2008年5月27日，这是个值得纪念的日子，这一天，奥运火炬在南京传递。上班路上，见证了这一历史上的一刻：大家群情激昂，振臂高呼：中国加油！有一种悲壮的感觉。中午在单位午休，突然接到院领导通知：马上准备去四川参加救灾，下午出发！这一刻，有30秒钟的犹豫：手上未完成的工作怎么办？家里一堆事情怎么办？家人怎么办？但这些，和四川人民正在承受的苦难相比，算得了什么？所以，必须义无反顾，这是每个中国人在此刻都应做出的选择，这是光荣的使命。

在德阳工作的日日夜夜，相信每个在场的人，都会在自己的人生记忆里永远铭记。大家围坐在一起，彼此也许还很陌生，因为都来自不同的设计单位，平日里也许还是工作上的竞争对手，但是为了一个共同的目标——早日完成临时安置房的设计任务，大家组成了一个团结、高效的工作团队。灾难面前，每个人的灵魂都得到了洗礼和升华，每个人都自觉地成为高速运转的设计机器的一个部件，关键时刻绝不能掉链子——这是每个人都有的想法。设计—画图—汇报—讨论—决策—反馈—修改，这种由下而上，再由上而下的工作方式一轮又一轮，充分体现了集思广益、同心协力的特点。虽然这种不分昼夜、持续前进的工作方式也让人备感疲惫，但是，跟那么多奋战在抗震救灾第一线的无数英雄相比，这点辛苦算得了什么呢？为了让失去家园的人们早日有遮风避雨的居所，为了让江苏人民的爱心早日变成灾区人民的家，我们所做的一切都是值得的。

应该感谢，我们生逢在一个好时代，中华民族的历史本身就是一部历经苦难的历史，只有在我们所处的这个时代，我们才有丰厚的国力作后盾，才有以民为本的领导冲在第一线，才有优越的制度保证举全国之力伸出援手，才有集体主义的价值观激发无数人争先恐后奔赴灾区。在这个历史性当口，我们见证了，我们参予了，因而，我们是幸福的！

周岚厅长、顾小平副厅长和高崧副院长在设计现场讨论方案

Director-General ZHOU Lan,Vice-Director GU Xiaoping of Jiangsu Provincial Construction Department and Vice-Director GAO Song Discussing on the planning at Feild

安置房内景

Interior of Makeshift Residence

对抗震救灾先进集体和个人的表彰

Group & Personal Awards

东南大学建筑设计研究院

光 荣 榜

赴四川德阳人员名单：

高　崧　　张　澜　　陈　聪　　毛　烨　　蒋炜庆
曹　伟　　刘　弥　　李大勇　　智家兴　　王颖铭
施明征　　马志虎　　陈　磊　　王志东
葛爱荣　　沈国尧　　倪　慧　　穆　勇　　庄　昉

参与承担四川德阳过渡安置房和农村中小学样板图集设计任务人员名单：

周广如　　高　泳　　王新跃　　顾频捷　　刘　骏
史晓川　　王鹏（大）竺　炜　　钱锋（建）吴云鹏
孔　晖　　周文祥　　朱筱俊　　蒋剑峰　　钱锋（电）
柏　晨　　袁　星　　罗振宁　　范大勇　　史海山
汤景梅　　史　青　　张咏秋　　赵　元　　韩治成
龚德建　　许东晟　　赵志强　　臧　胜　　陈洪亮
李　骥　　章敏婕　　周革利　　童　琳　　刘　俊
沈国尧　　马晓东

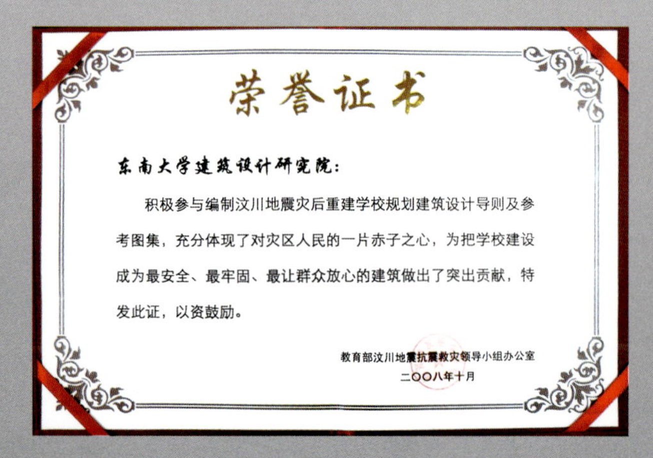

荣誉证书

东南大学建筑设计研究院：

积极参与编制汶川地震灾后重建学校规划建筑设计导则及参考图集，充分体现了对灾区人民的一片赤子之心，为把学校建设成为最安全、最牢固、最让群众放心的建筑做出了突出贡献，特发此证，以资鼓励。

教育部汶川地震抗震救灾领导小组办公室
二〇〇八年十月

江苏省建设系统

抗震救灾先进集体

江苏省建设厅
二〇〇八年七月

奖　状

建筑设计研究院：

在2008年"5·12"四川汶川特大地震抗震救灾
成绩突出，荣获"东南大学抗震救灾先进集体"

特发此状，以资鼓励。

关于表彰抗震救灾先进集体和个人的决定

东大委〔2008〕25号

各校区工委，各基层党委、党总支、直属党支部，党委各部、委、办，工会、团委；

各校区，各院、系、所，各部、处、室，各直属单位、学术业务单位：

“5•12”四川汶川特大地震灾害发生后，全校各单位、广大党员干部和师生员工认真落实中央和上级党委政府的决策部署，视灾情如命令，视时间如生命，充分发扬“一方有难、八方支援”的精神，恪尽职守、迅速行动，扎实工作、服务大局，团结协作、勇于担当，不畏艰难、连续作战，积极投入抗震救灾和帮助灾区人民恢复重建的各项工作，涌现出了许多先进事迹和模范典型。

为进一步激发全校师生员工支援抗震救灾、帮助灾区人民恢复重建的积极性、主动性和创造性，校党政决定授予附属中大医院、建筑设计研究院、土木工程学院“东南大学抗震救灾先进集体”称号，授予汤文浩等26位同志“东南大学抗震救灾先进个人”称号。名单如下：

一、东南大学抗震救灾先进集体

附属中大医院

建筑设计研究院

土木工程学院

二、东南大学抗震救灾先进个人

1、附属中大医院

汤文浩、石　欣、杨天明、王文宏、贺丽君、王艳花、周　燕、夏泽燕、邱海波

2、土木工程学院

陈忠范、曹双寅、张志强、徐　明、陆　飞

3、信息科学与工程学院

尤肖虎

4、建筑设计研究院

张　澜、陈　聪、蒋炜庆、刘　弥、高　崧、李大勇、智家兴、王颖铭、施明征、毛　烨、曹　伟

这次表彰的集体和个人是我校基层组织、广大党员干部和教职员工中的优秀代表，他们在抗震救灾工作中表现突出，做出了优异成绩。他们的事迹，展现了新时期高校知识分子的高尚思想品德和良好精神风貌。希望全校师生员工要向他们学习，学习他们讲政治、识大体、顾大局的高度责任感，学习他们雷厉风行、务实高效、科学严谨的工作作风，学习他们心系灾区、情系灾民、无私奉献、忘我工作的思想境界，学习他们不畏艰险、不怕辛劳、顽强拼搏、团结奋斗的优良品格。同时，希望受表彰的集体和个人把荣誉作为新的起点，再接再厉，再立新功。

全校各级党组织、广大共产党员和师生员工要紧密团结在以胡锦涛同志为总书记的党中央周围，坚决贯彻中央的部署和要求，以支援抗震救灾的实际行动、推动学校跨越发展的新成效支持抗震救灾和服务大局，为夺取抗震救灾的全面胜利作出新的贡献。

中共东南大学委员会

东　南　大　学

2008年6月11日

刘弥建筑师在出征前

LIU Mi bofore Leaving for Deyang

设计组在现场工作

Design Group Working at Field

灾后重建城镇规划

Town Planning of Post-earthquake Reconstruction

绵竹市广济镇灾后重建总体规划

Masterplan of Guangji Town，Mianzhu

07/2009—09/2009

设计人员：段进、孔令龙、徐春宁、熊国平、邵润青、杨俊宴、王志东、王敏等

受灾情况：2008年5月12日，绵竹市广济镇遭受了中华人民共和国历史上最大的一次地震，突如其来的自然灾害给广济镇人民群众的生命和财产带来了巨大损失。截止6月18日，全镇死亡194人，受伤3761人，损毁房屋70846间，全镇8722户100%受灾，直接经济损失达15.66亿元。

恢复重建：在江苏省住房与城乡建设厅的组织下，在东南大学建筑学院和东南大学规划设计研究院的紧密合作下，由段进教授、孔令龙教授带队，徐春宁、邵润春、王志东老师参加的5人工作组，作为江苏省统筹组织的城市规划骨干力量奔赴四川，投入灾后重建工作。经过与绵竹市政府、广济镇政府的翔实沟通，广泛地听取了受灾群众的意见后，设计组编制了《广济镇镇区总体规划》。

编制特点：《绵竹市汶川地震灾后恢复重建村镇体系规划》提出区域范围内形成“一核、两线、一环”的网络空间结构和“一中心四片区”的网络节点布局，通过核带线，线促片，推动区域城乡空间统筹发展。广济作为“两线”上的城镇节点，其在新一轮发展中能够把握何种契机，促进自身发展，是十分关键的问题。

为了从城乡统筹的新角度来分析广济镇经济、社会和环境的发展，实现三次产业的协调发展，充分体现“五个统筹”、“三个集中”的思想，树立科学发展观，重点转向保护和合理利用各类资源，促进人居环境和城镇可持续发展，东南大学城市规划设计研究院进行了《绵竹市广济镇总体规划》的编制工作。

总平面图
Master Plan

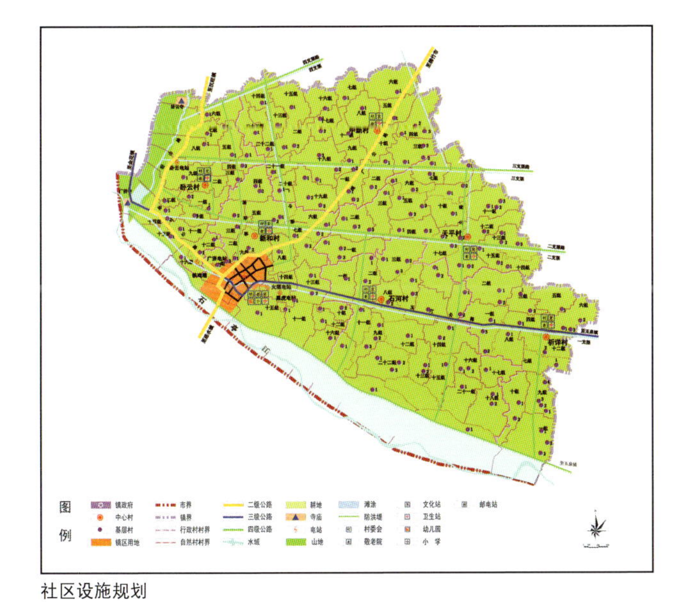

社区设施规划
Planning of Public Facilities

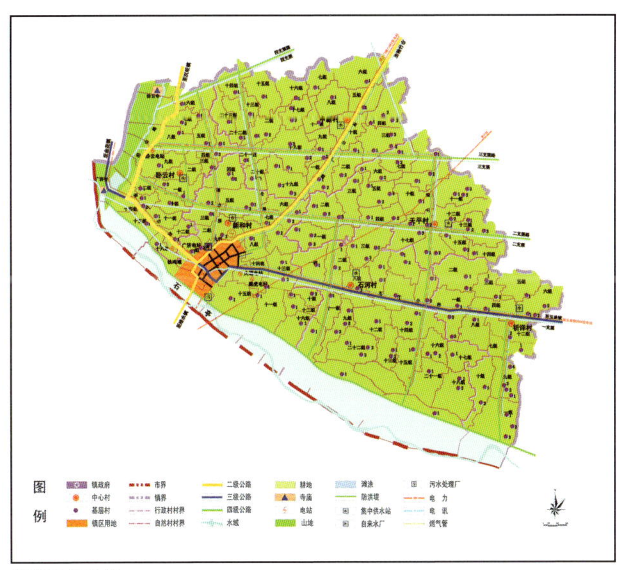

基础设施规划
Planning of Infrastructure

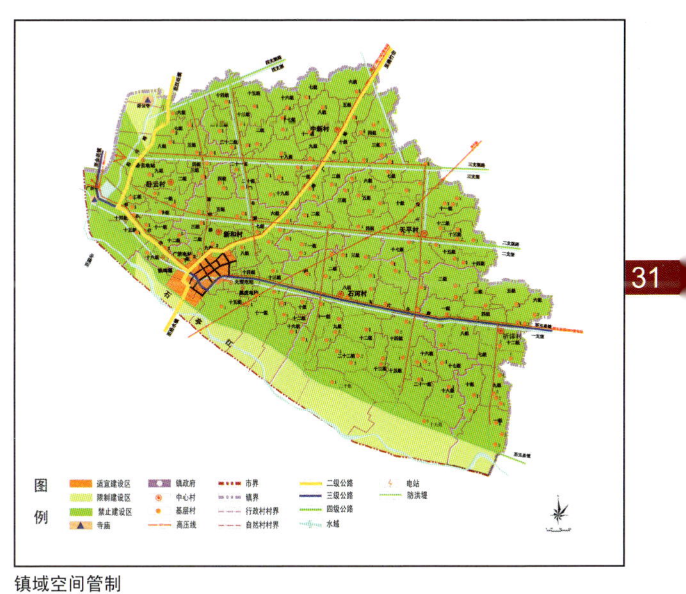

镇域空间管制
Planning of Spatial Distribution

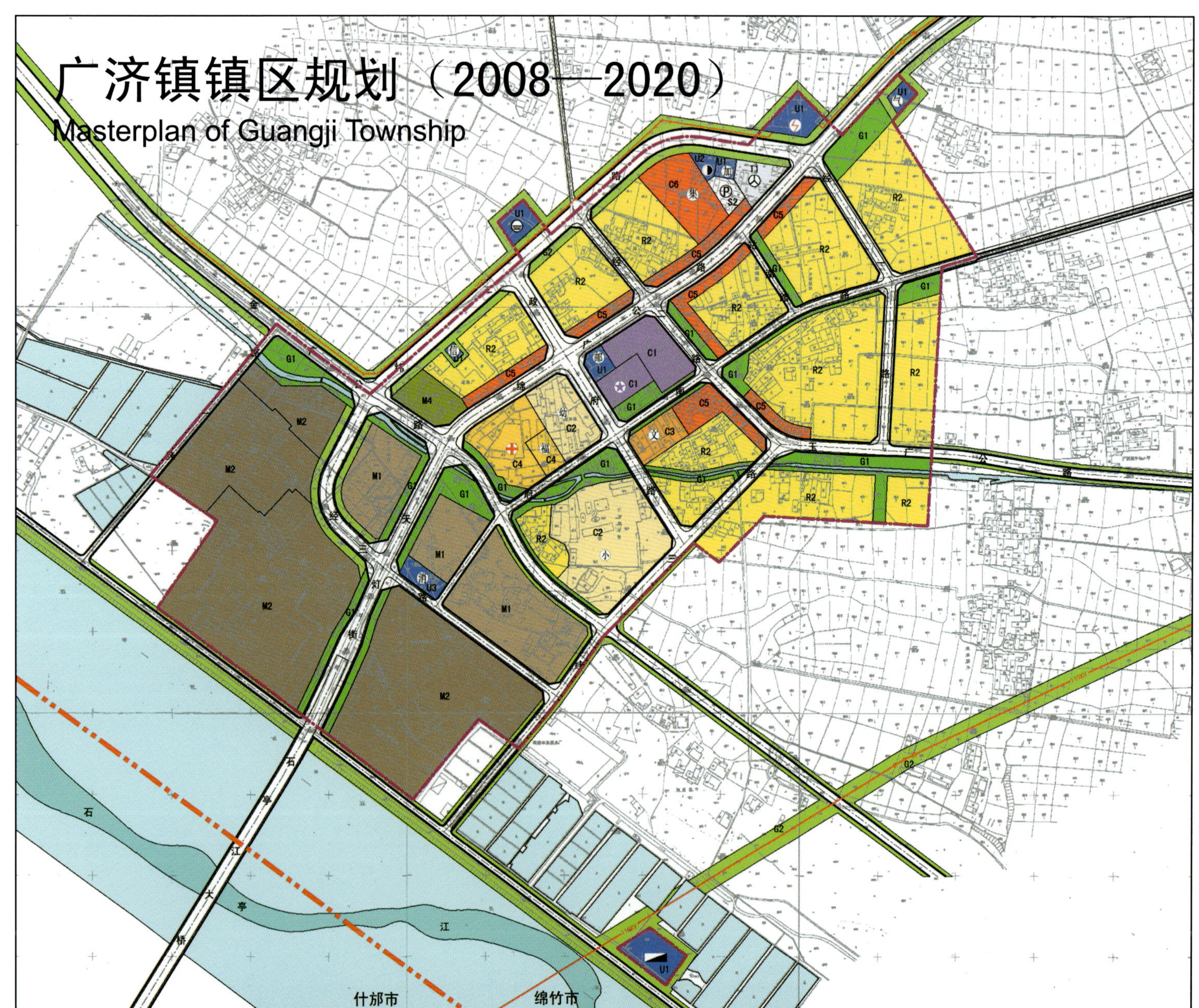

镇区规划总平面图
Masterplan of Guangji Township

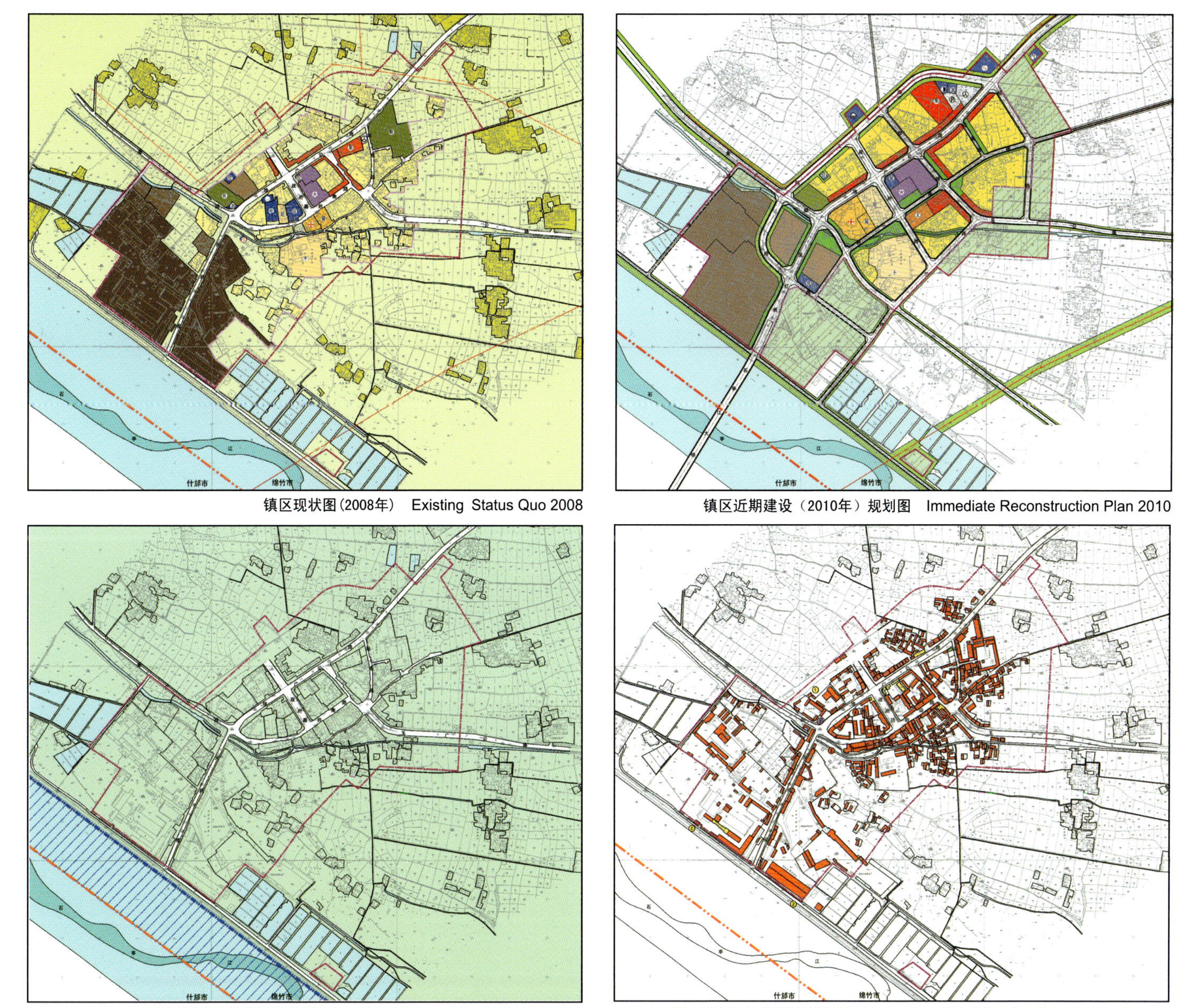

镇区现状图(2008年)　Existing Status Quo 2008

镇区近期建设（2010年）规划图　Immediate Reconstruction Plan 2010

镇区用地灾害隐患评价图　Land Evaluation of Geologic Calamity

镇区建筑与设施受损评价图　Evaluation of Building Quality after Earthquake

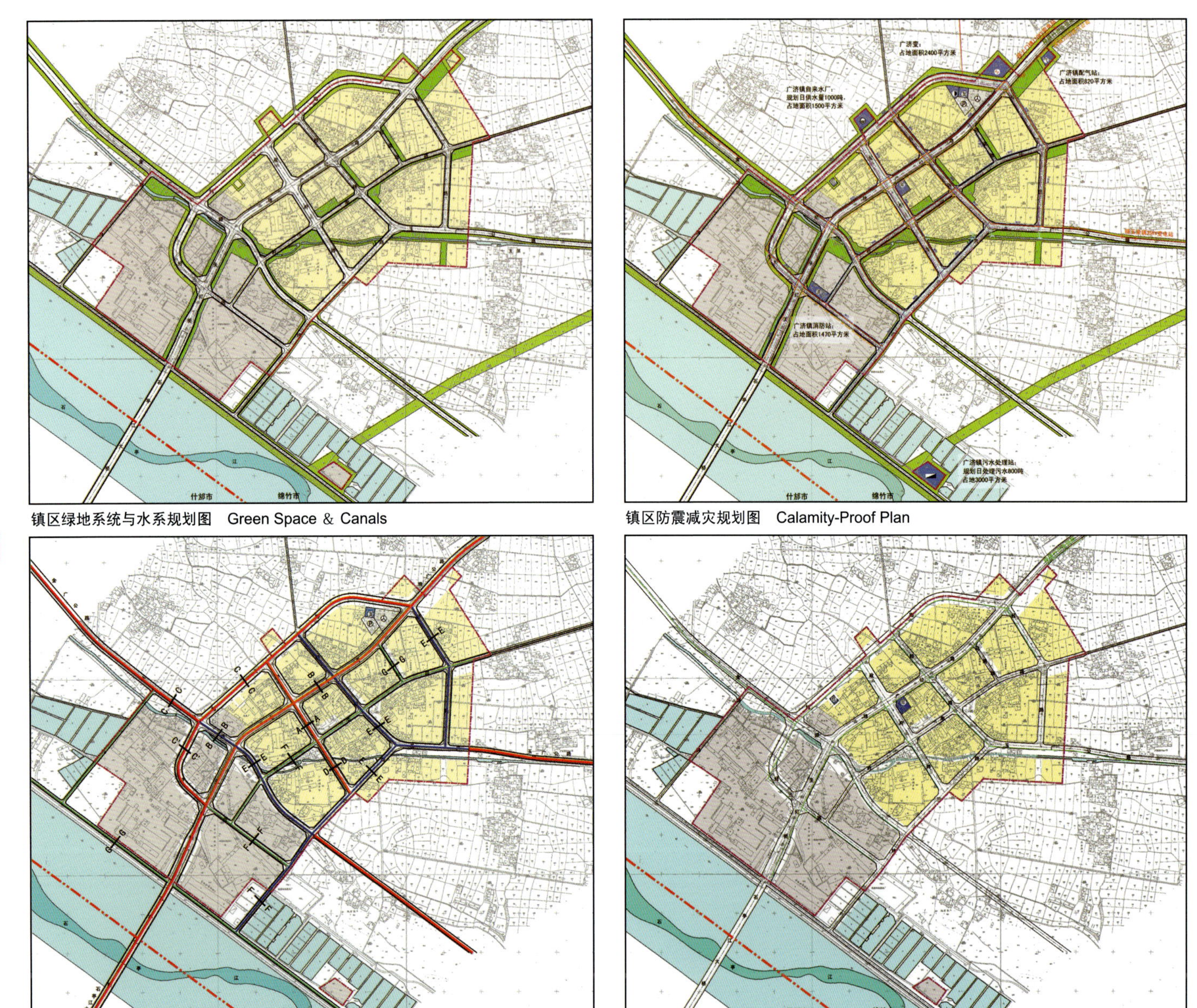

镇区绿地系统与水系规划图 Green Space & Canals

镇区防震减灾规划图 Calamity-Proof Plan

镇区道路交通规划图 Transportation & Road System

镇区电信工程规划图 Infrastructure Tele-communication

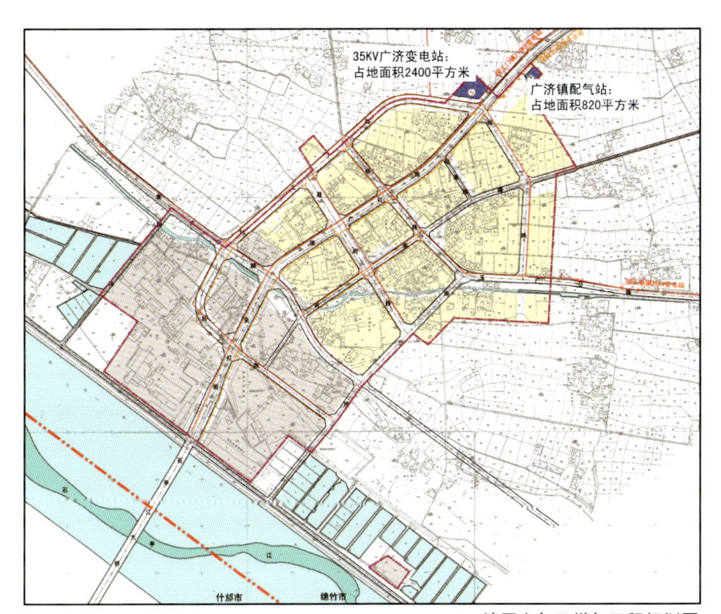

镇区电气及燃气工程规划图

Infrastructure:Electricity ＆ Gas

广济镇自来水厂：
规划日供水量1000吨，
占地面积1500平方米

广济镇污水处理站：
规划日处理污水800吨
占地3000平方米

什邡市
绵竹市

镇区给排水工程规划图

Infrastructure:Tap Water and Drainage

重建中的广济镇全景（27/03/2010）

Panorama View of Guangji Township under Construction

对东南大学城市规划设计研究院的表彰

Research Institute of Urban Planning and Design Got Award for Earthquake Relief

东南大学城市规划设计研究院被评为抗震救灾先进单位

东南大学城市规划设计研究院
朱仁兴

本报讯 日前，在南京召开的由江苏住房与城乡建设部和江苏省领导参加的全国城市规划代表大会上，我校城市规划设计研究院被中国城市规划协会评为全国规划行业抗震救灾先进单位，徐春宁规划师被评为先进个人。在这次四川抗震救灾中，我校规划设计研究院精心组织规划设计队伍，多次深入四川绵竹灾区，圆满地完成了绵竹广济镇的总体规划和村庄的详细规划工作，受到江苏省建设厅和绵竹市政府的好评。

东南大学校报 2008年11月30日 第1077期 第1版

绵竹市广济镇
农村示范性集中居住点规划设计

Master Planning of Woyun Village and Zhongxin Village, Guangji Town, Mianzhu

卧云村五组、中新村六组

设计组成员：段进、孔令龙、张彤、邓浩、徐春宁、王志东、徐小东、
顾震弘、秦笛、赵玥、王敏

卧云村五组规划设计鸟瞰图
Bird View of Woyun Village

中新村六组规划设计鸟瞰图
Bird View of Zhongxin Village

在城镇规划的同时，规划设计组还完成了广济镇两个农村示范性集中居住点的规划设计。

规划设计原则：

1. 根据灾后重建与国家新农村建设的要求，高效利用土地，建设集约型村庄。
2. 根据绵竹当地自然气候特征，建设符合可持续发展原则的生态型村庄。
   a. 有效利用沼气作为生物燃料，创造循环经济；
   b. 结合当地主导风向规划村庄形态结构；
   c. 合理规划村庄水系，收集雨水，自然沉淀，改善村庄微气候环境。
3. 村庄的形态结构具有灵活性和可生长性，符合不同发展阶段要求。
4. 充分利用当地材料和地方资源，设计功能合理、居住舒适、抗震性能好、有利于快速建设的农村新住宅。

广济镇卧云村五组村庄规划

1. 沿东西方向公路与水渠向两侧呈对称式发展；
2. 道路结构与村庄形态与东北向的常年主导风向吻合；
3. 村中心设集中场坝与中心绿地，作为公共活动空间；
4. 沿主要道路规划村庄水系，在东南角设集中生态景观水面；
5. 村庄形态具有可生长性。

广济镇中新村六组村庄规划

1. 以原生自然村落形态为设计依据，结合科学规划理念，发展出符合震后重建实际需要的新型农村布局体系
2. 以树状道路骨架+农宅组团为基本体系，具有建造成本低、交通便捷、易于生长扩展等特点，有利于分期建设和机动调整。整体形态空间则模拟自然生长的原生村落空间。
3. 以水渠为水源，组织封闭式环形水系，改善微气候环境、方便生活、美化景观。
4. 设置村落中心场坝、组团间场坝与宅前场坝等三级场坝，除方便生产劳作外，为村民提供户外交往和娱乐空间。
5. 农宅与村镇道路适当分离，设置统一的交通出入口，提高道路安全度。
6. 乡村公共建筑(包括村管委会、集中式水塔、卫生站、商店、敬老院等)具有辐射半径小、交通方便和标志性等特点。

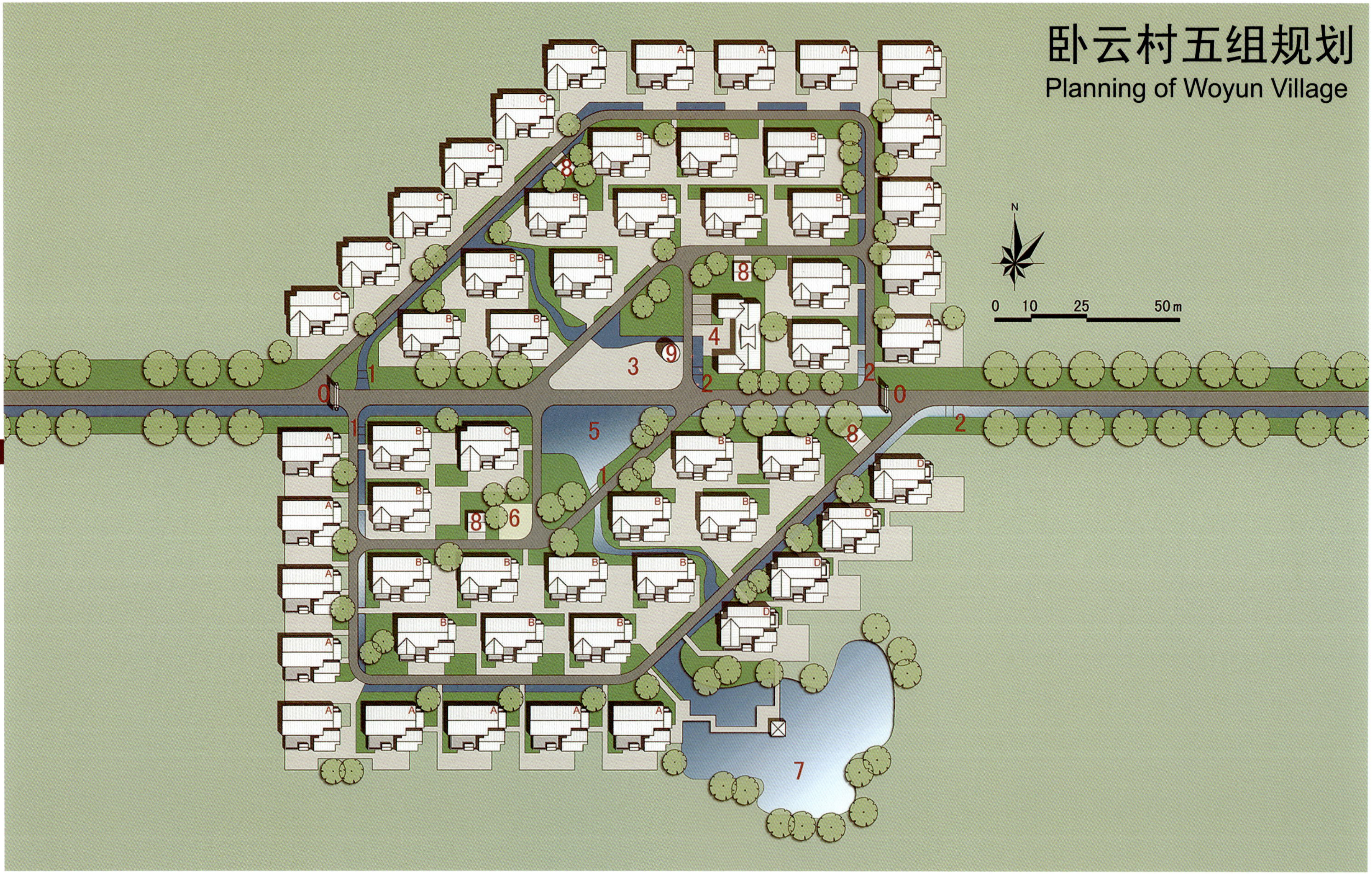

卧云村五组规划

Planning of Woyun Village

总平面图 Master Plan

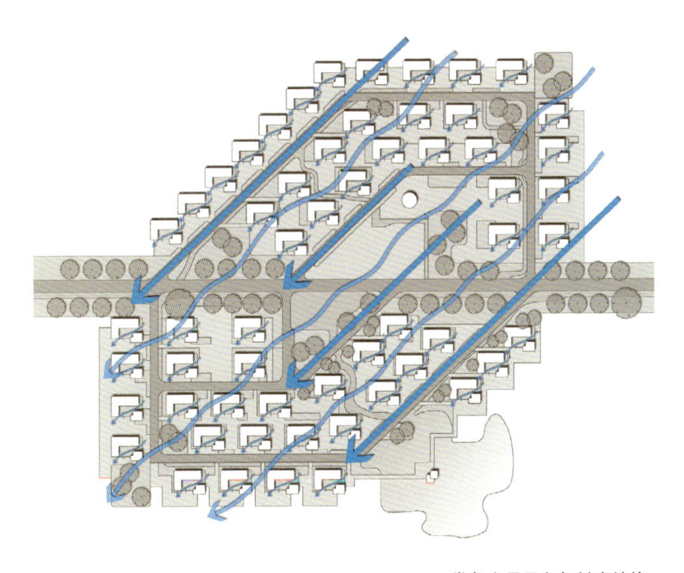

常年主导风向与村庄结构

Natural Ventilation and the Space

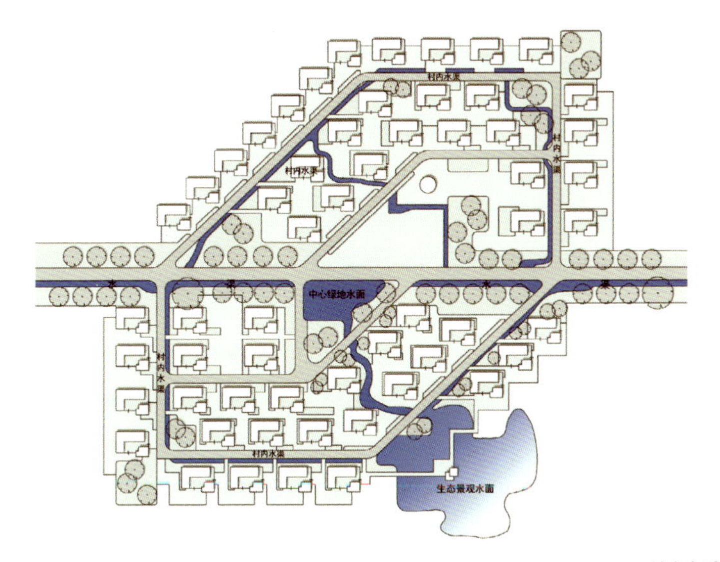

村庄水系

Canal System Served for Irrigation and Life

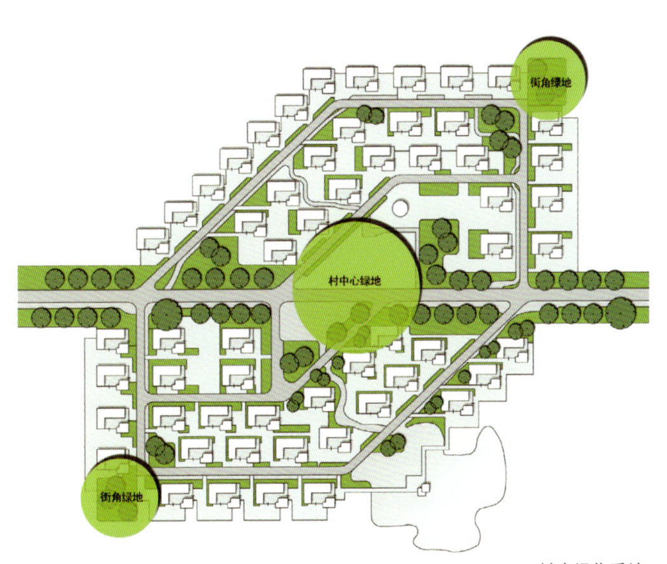

村庄绿化系统

Green Space

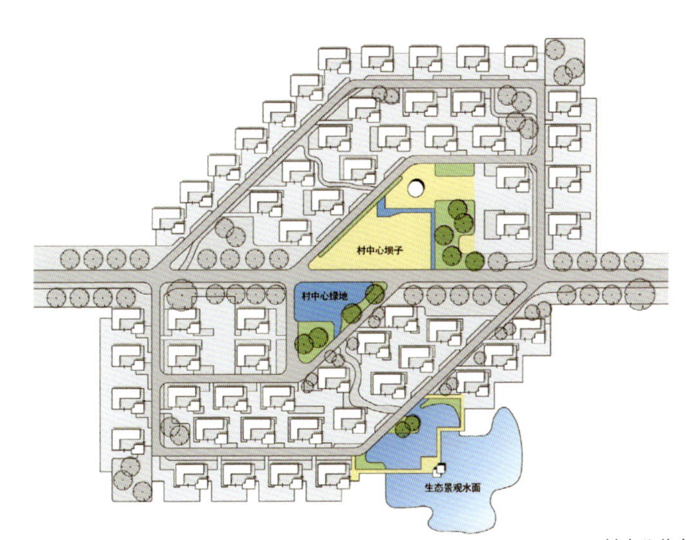

村庄公共空间

Public Space

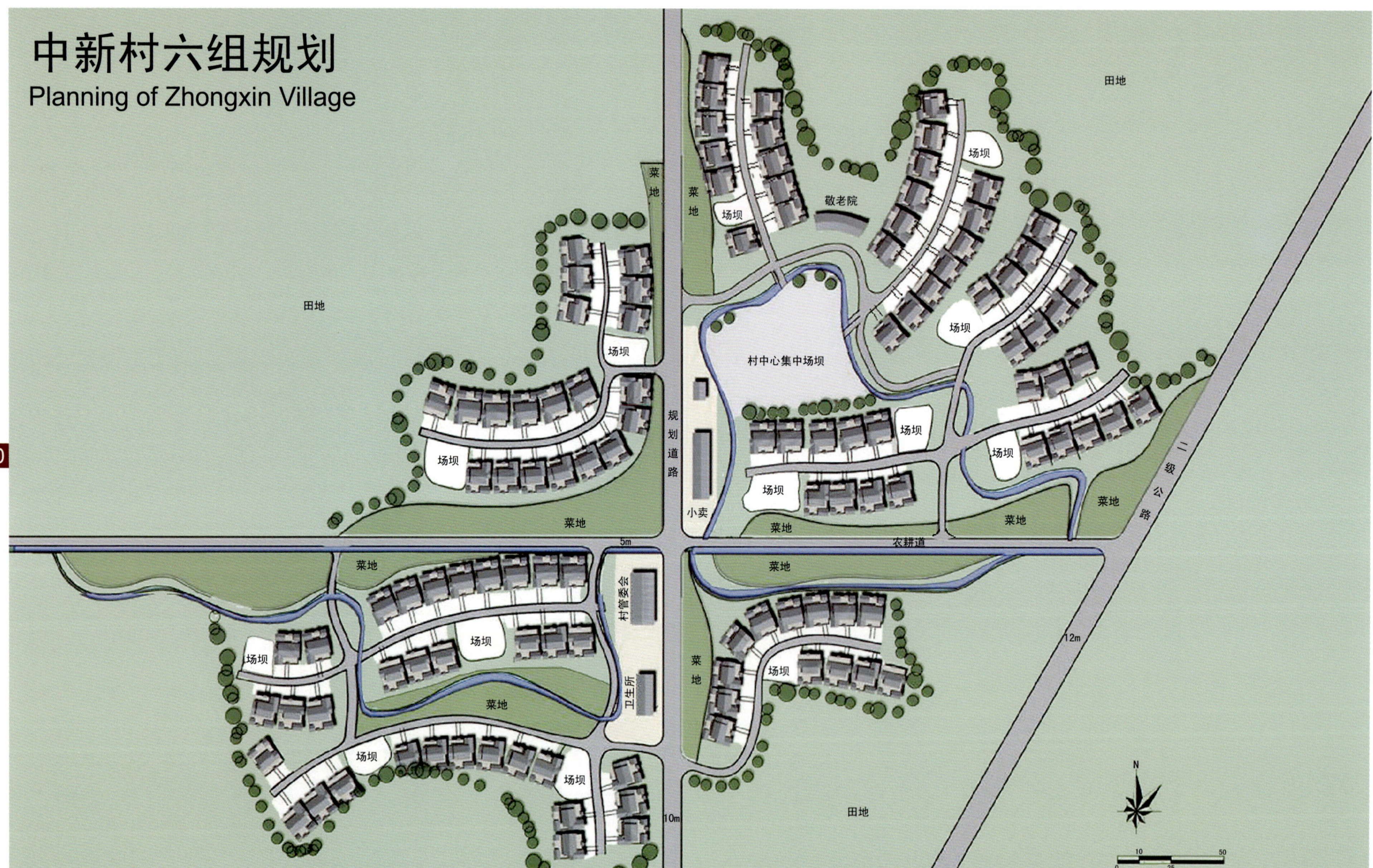

总平面图　Master Plan

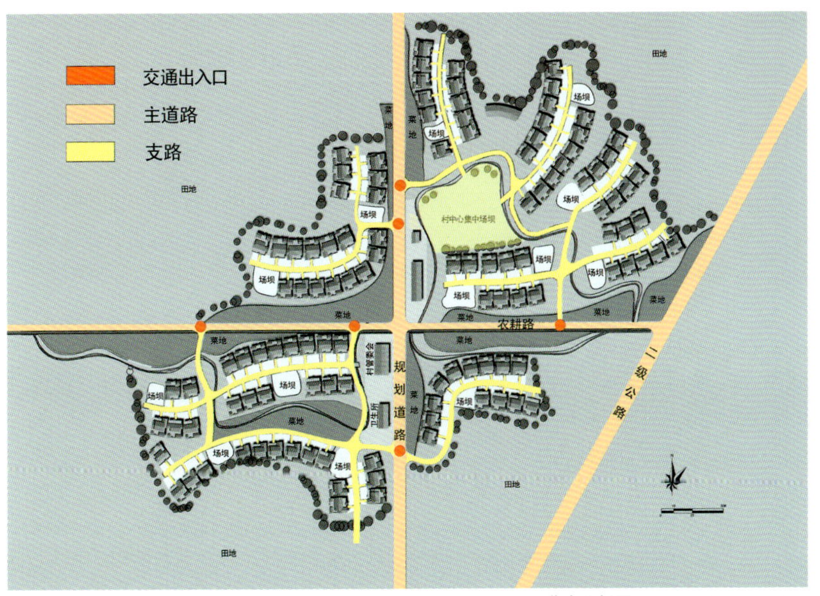

道路分析图 Traffic Organization

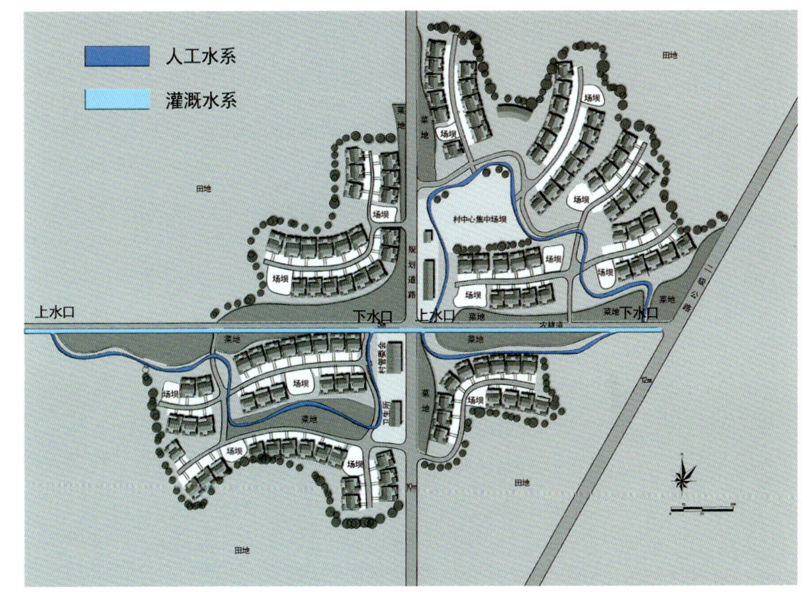

水系分析图 Canal System

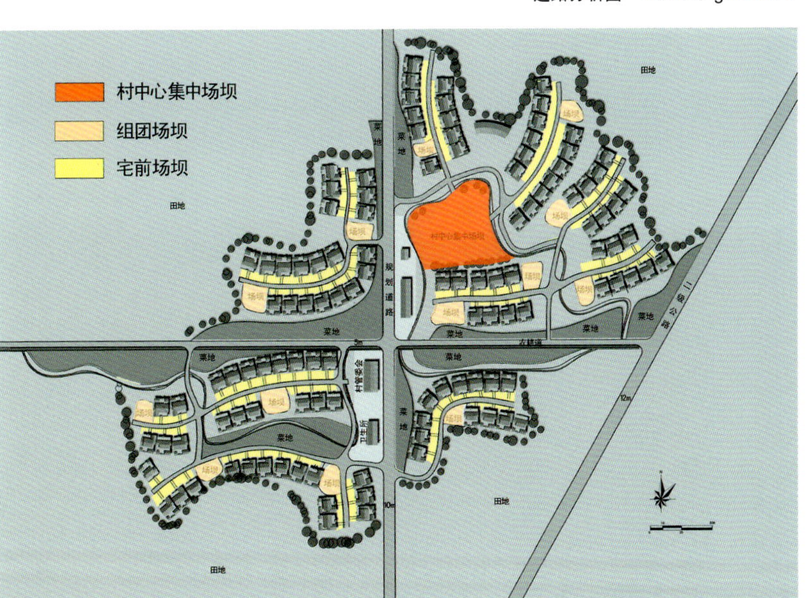

场坝空间分析图 Public Space

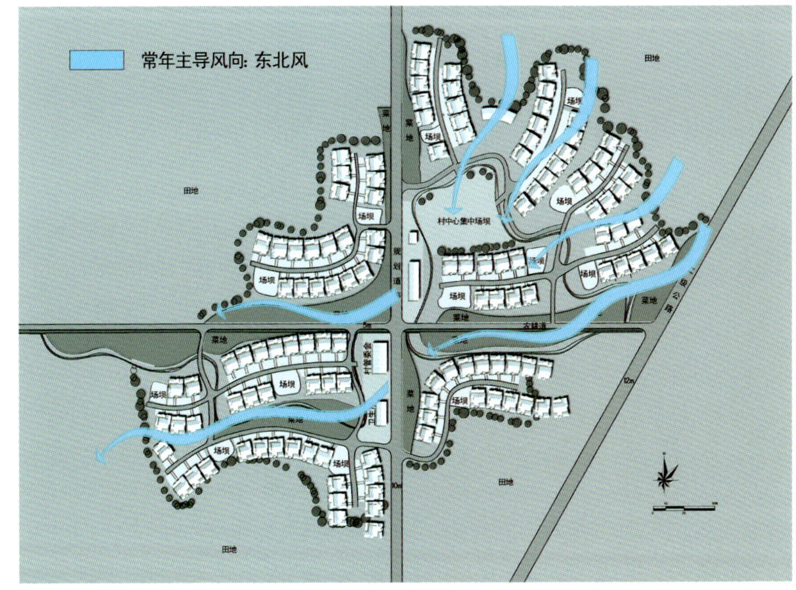

自然通风 Natural Ventilation

东南大学规划设计组(成员：张彤、徐春宁、邓浩、熊国平)与广济镇领导合影　2008年7月
Planning Group (ZHANG Tong, XU Chunning, DENG Hao, XIONG Guoping) with the Local Leaders of Guangji Town 07/2008

被严重震损的广济镇人民政府
Severely Damaged Town Hall

被严重震损的广济镇小学
Severely Damaged Elementary School

震后尚存的民宅
Remained House at Ruins

2008年7月，邓浩、熊国平在灾民临时安置点

DENG Hao and XIONG Guoping at Makeshift Tent Residential Area, 07/2008

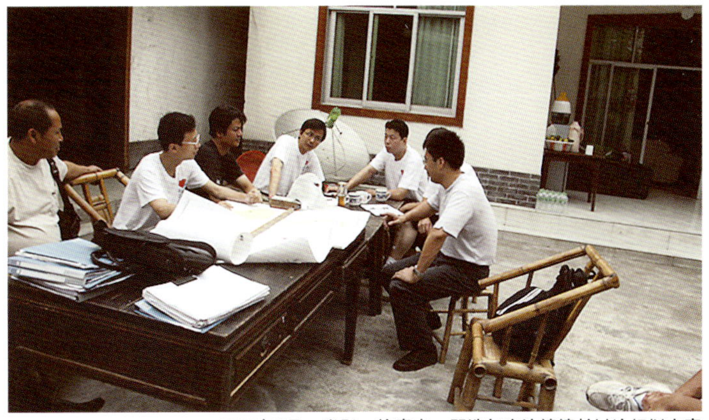

2008年7月，张彤、徐春宁、邓浩与广济镇镇长讨论规划方案

ZHANG Tong, XU Chunning and DENG Hao at Discussion with the Town Alcalde about the Planning, 07/2008

2008年7月，徐春宁、熊国平冒雨在抗震棚中修订规划

XU Chunning and XIONG Guoping working in Relief Tent, 07/2008

2008年7月，徐春宁、邓浩与广济镇委书记讨论规划方案

XU Chunning and DENG Hao at Discussion with the Town Alcalde about the Planning, 07/2008

彭州市丽春镇灾后重建总体规划

Master Plan, Lichun Town, Pengzhou

设计人员：王兴平、赵虎、袁新国、胡畔、李媚、席震、符彩云、吴珏
合作单位：成都市城镇规划设计研究院、加拿大泛太平洋设计集团

13/04/2009—12/05/2009

彭州市丽春镇灾后重建总体规划(2008—2020)是汶川地震后东南大学志愿援助的救灾项目。

该规划经过充分调研、认真分析将丽春镇城镇性质定位为彭州市灾后经济重建的重要阵地，是彭州、郫县和都江堰市交界处的工贸型中心镇，是彭州市南部城镇密集区的副都心，远期是彭州市中心城区重要的城镇组团。规模预测：2010年丽春城镇人口3万人，建设用地269.48公顷，人均建设用地90平方米。2020年城镇人口为4万人，建设用地337公顷。

镇域规划：结合灾损程度、未来发展的交通、区位条件等，将镇域整体规划为“三心三轴三片区”的空间结构。“三心”分别为：丽春城镇，作为全镇的经济发展核心；谭家场新型社区，作为西部发展的中心；草鞋街新型社区，作为南部发展的中心。“三轴”即一为彭温公路的发展轴线，二为北桂公路发展轴线，三为北部的旅游发展轴线。“三片区”：指以人民渠和行政界线为界划分为东部片区、南部片区和西部片区。镇村体系遵从安置灾民、适当聚集的原则，采取镇区、农村新型社区、农村小型聚居点三级设置，并配置相应的公共设施，构建宜居的居住环境。

镇区规划：镇区规划采取多方案，从丽春镇的发展趋势和当地政府的意愿出发分别完成了两套方案，供灾区人民选择。最终经过比选对“一带三轴七小区”的空间结构进行了深化。

防震规划：根据成都市防震减灾局的《汶川8.0级地震成都市灾后重建地震评价规划用图》，按规范避震疏散场地疏散半径在1公里以内，规划利用公园、绿地、广场、运动操场等空旷地区作为避震疏散场地。规划以城镇主要道路作为人员疏散和物质运输的主要救援通道，救援通道要求保证灾后有7米以上的宽度。

近期建设规划：以灾后重建规划为依据，以现状情况为基础，适应市场经济的发展要求，规划作出了紧凑布局、滚动开发的思路。使城镇在近期形成比较合理的空间布局态势，为远期目标的实现提供坚实基础。在农村新社区要注意增加相应的公共设施，吸引人口向新型社区集中。根据开发规模和当地的实际需要，本规划确定丽春城镇灾后近期建设项目27项，6个农村新型社区近期建设项目61项，镇域基础设施建设项目6项。

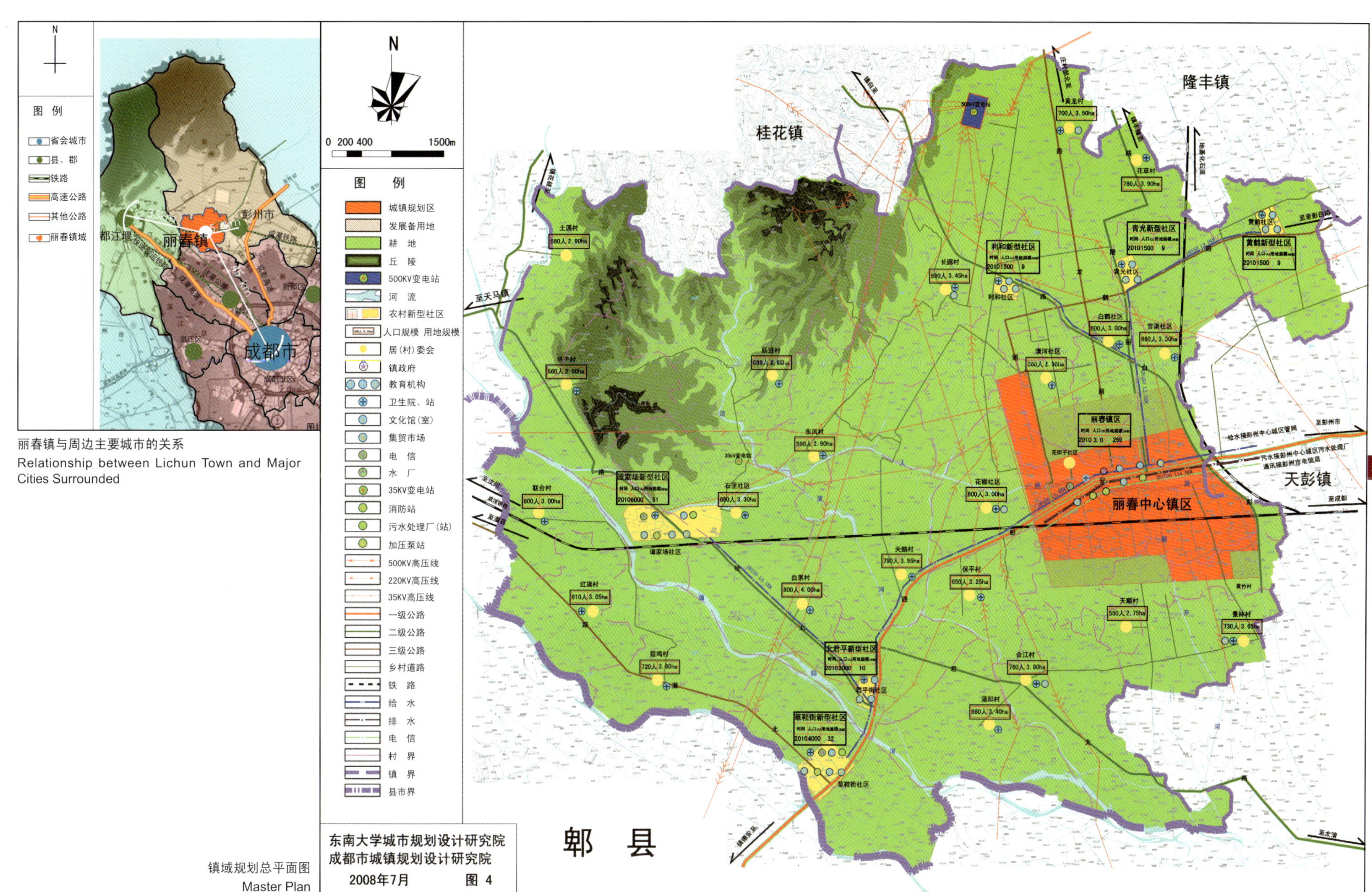

丽春镇与周边主要城市的关系
Relationship between Lichun Town and Major Cities Surrounded

镇域规划总平面图
Master Plan

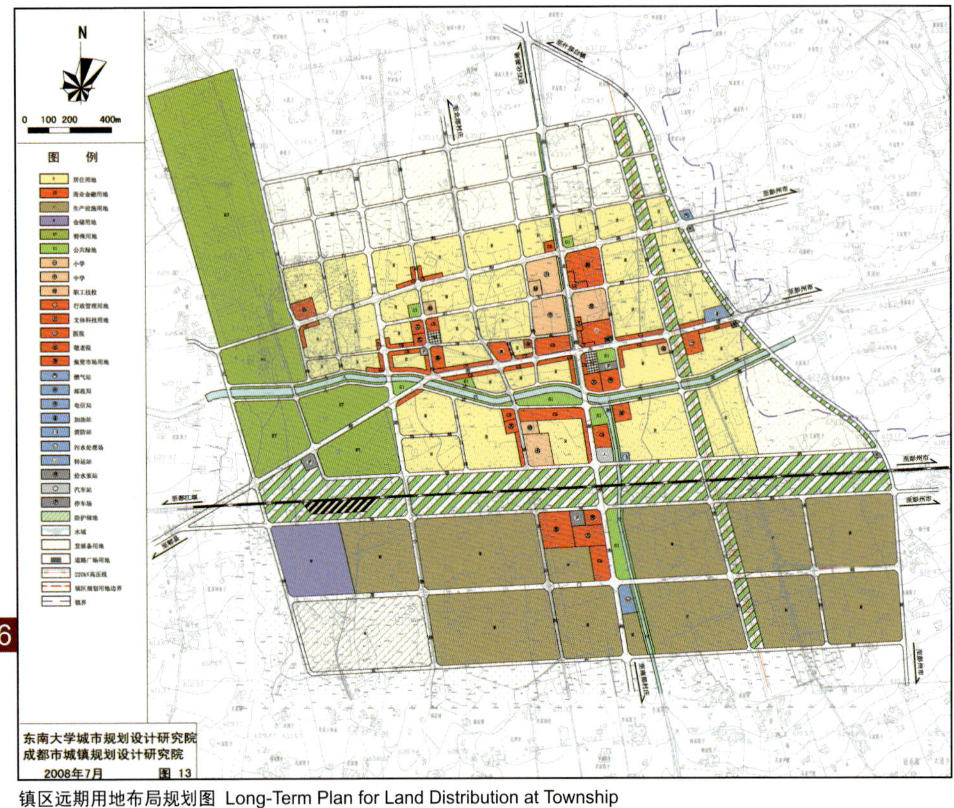

镇区远期用地布局规划图 Long-Term Plan for Land Distribution at Township

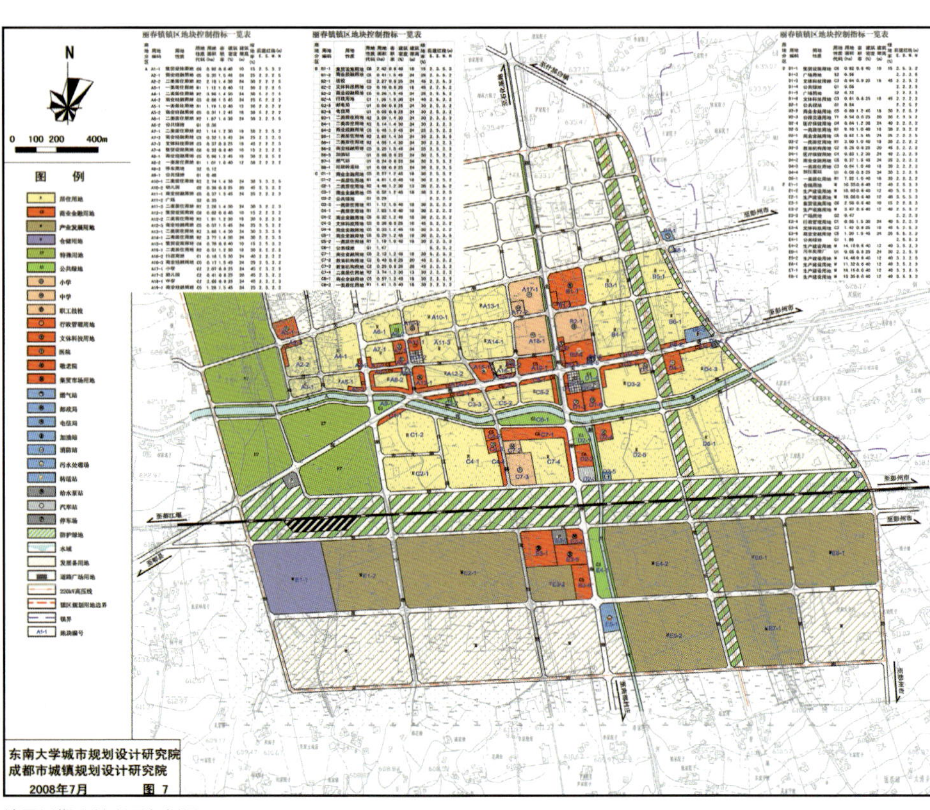

镇区近期土地利用规划图 Immediate Plan for Land Distribution at Township

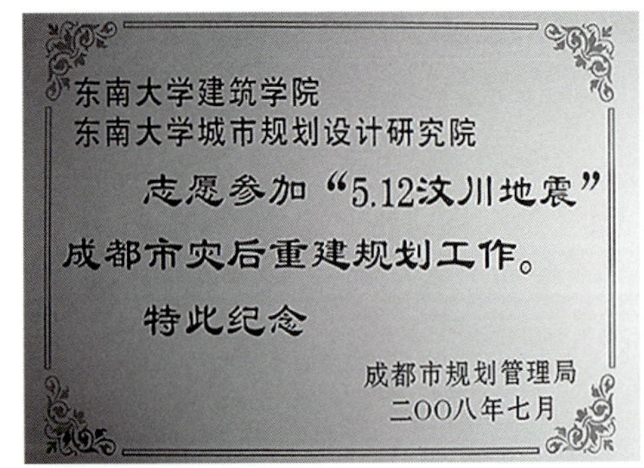

东南大学建筑学院与城市规划设计研究院抗震救灾纪念奖状
Award for School of Architecture & Research Institute of Urban Planning & Design of Southeast University

成都市委书记李春城亲切接见王兴平教授一行
Li Chuncheng,Communist Party Secretary of Chengdu,Warmly Interview Professor WANG Xingping

建筑学院师生发放调研问卷
Field Investigation by Teachers and Students from School of Architecture

会议现场方案探讨
Discussion on Project at the Meeting

绵竹市城东新区概念规划

Conceptual Urban Planning of Eastern Mianzhu

项目主要人员：徐春宁、吴增鑫、权丹、杨扬、王松杰、丁琼、方宇
项目合作单位：江苏省城市规划设计研究院

04/2009—08/2009

受灾情况：绵竹“5·12”地震灾害遇难11104人，农作物受损面积25万多亩，绝收面积8万亩以上，林业受损面积35万亩以上，因灾死亡大特畜30.63万头；全市房屋受损117万间，其中倒塌79万多间，受损面积达3740余万平方米，受损学校226所，因灾受损的县级医疗机构8个；厂矿企业受损面达100%，厂房倒塌5.5万多间。初步测算，全市直接经济损失约为1367亿元。

大事记：本规划为“5·12”震后重建一年总结的前提下所展开的工作，设计时间极为紧迫。在建筑学院领导的组织指导下，东南大学规划设计研究院与江苏省城市规划设计研究院紧密合作。东南大学由徐春宁带队的设计小组不分日夜，在与绵竹市市长赵庆红、绵竹市规划局、绵竹市建设局沟通，听取当地专家的调整意见的基础上，编制《绵竹市城东新区概念规划》。

编制特点：在保证城市长远科学发展的前提下，结合绵竹中心城区建设的实际情况，遵循“三年重建、五年提升”的原则，制定《绵竹市城东新区概念规划》，目的是使绵竹市灾后重建工作有力、有序、有效开展，近期建设项目顺利落地实施，促进经济迅速恢复与提升。规划的重点内容包括地区的功能地位以及构成、空间结构和用地布局、交通组织、空间形象塑造与重点地段城市设计以及开发实施操作研究。

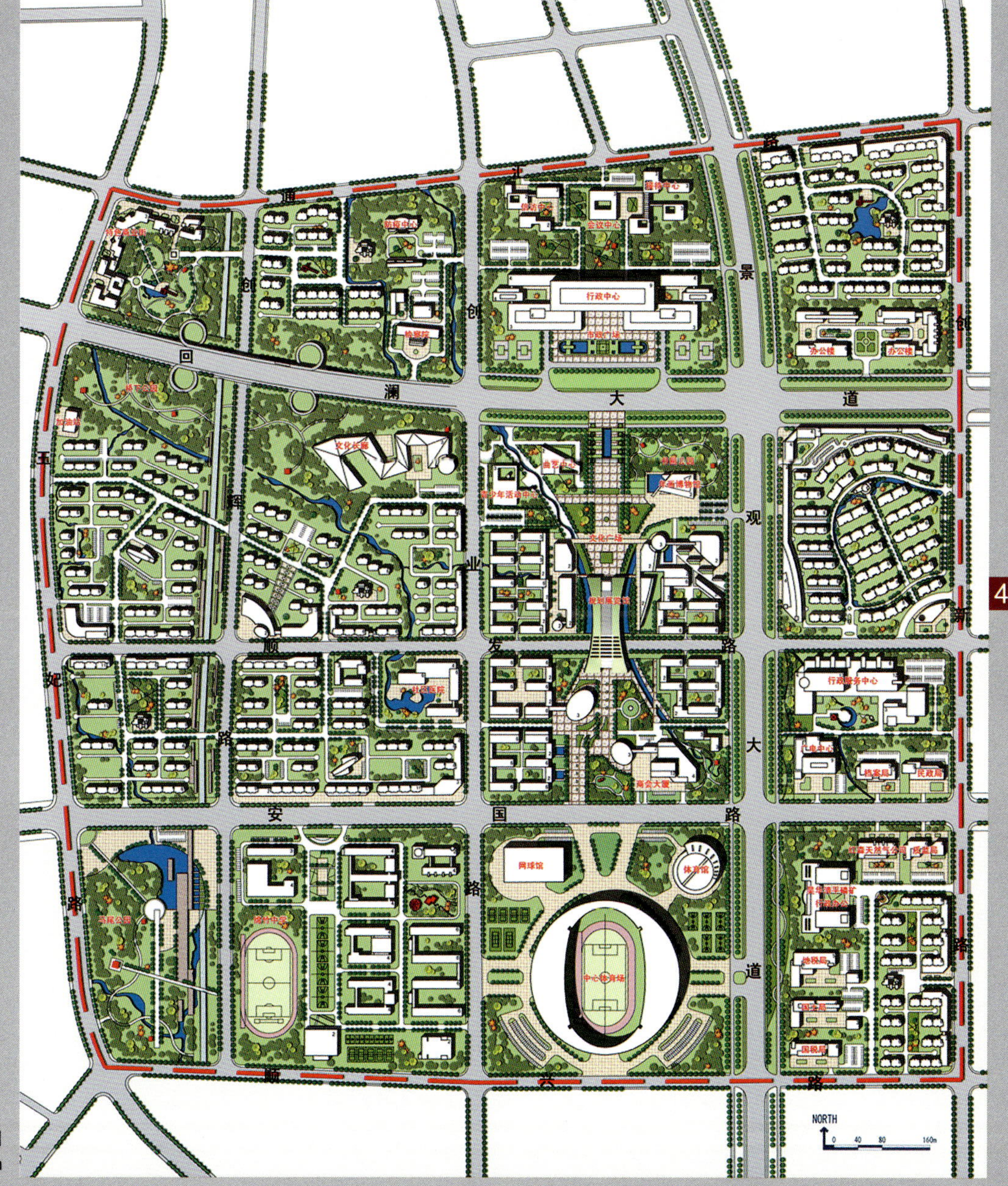

规划总平面图
Master Plan

开放空间系统分析图

Digram of Open Space

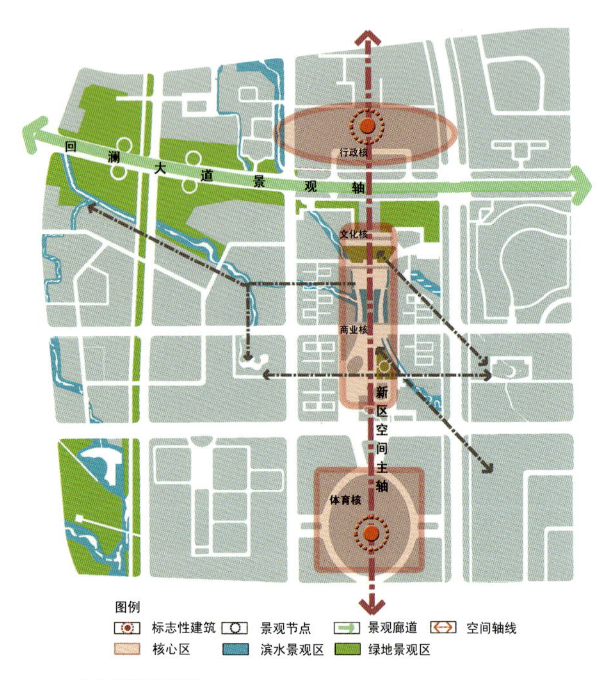

空间结构规划图

Diagram of Space Structure

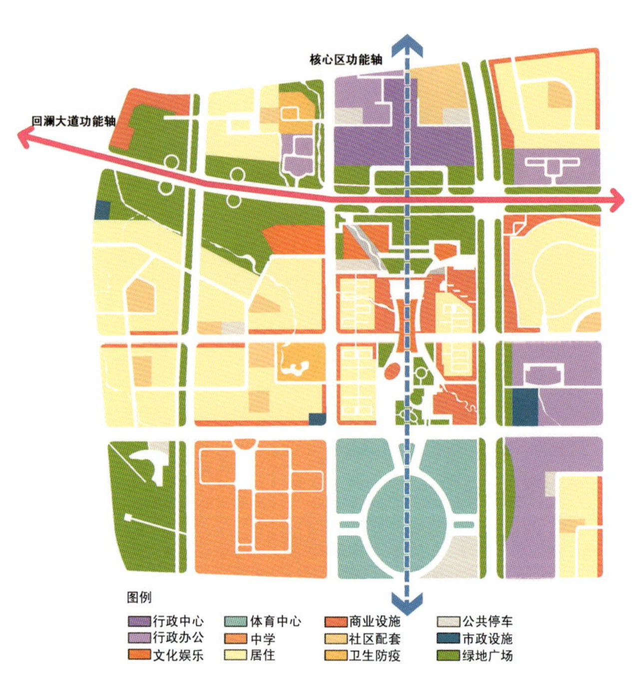

功能结构规划图

Diagram of Functional Distribution

鸟瞰图

Bird View Perspective

鸟瞰图 Bird View Perspective

体育场透视图 Perspective of Stadium

主体建筑透视图 Perspective of Main Building

松潘县城北片区控制性详细规划和重点地段规划

Detail Planning and Urban Design of Chengbei District, Songpan

主要人员：徐春宁、吴增鑫、陈黎娟、谢薇佳

09/2008—11/2009

恢复重建：松潘县城距汶川县地震震中约150公里，全县25个乡、镇全部波及，受灾程度中度，在四川省受灾严重的18个县中受灾程度位于第14位。其中白羊乡、镇江乡、镇坪乡、岷江乡、安宏乡、小河乡、小姓乡、大姓乡、红土乡9个乡镇受灾严重。

编制特点：安徽省省委、省政府高度重视对口支援松潘县的灾后重建工作，成立了对口支援领导小组。为使松潘县灾后重建工作有力、有序、有效开展，近期建设项目顺利落地实施，促进松潘经济迅速恢复与提升，东南大学规划设计研究院配合安徽省展开方案工作，充分与松潘县政府沟通，广泛听取当地群众包括藏、羌少数民族的意见，历时1个月，制定《松潘县城北片区控制性详细规划和重点地段城市设计》。

编制特点：松潘是一个历史悠久的地区，文物古迹与遗存颇多。在现实的城市中，保存着众多不同时代背景的物质现象信息与传统文化痕迹。同时，松潘也是一个多民族聚居区，有着多元的文化模式，不同民族在长久的历史发展中相互融合和共存。并且松潘还是一个以旅游业为主的经济发展中地区，有大量的旅游者和外来从业人员。不同地域的人群在城市发展中相互磨合，并强化城市对外服务的职能在经济全球化的趋势下，在中国快速城市化的今天，松潘近年来的城市发展与建设愈来愈快，并且呈现出与国内其他城市文化表达上的逐渐同化，各种建筑类型、风格也越来越多、越来越像。如果说全球背景下的松潘，受到潜移默化的文化趋同的影响，那么，现今的灾后重建工作，将为松潘城市建设带来急剧的突破。

总平面图
Master Plan

鸟瞰图
Bird View Perspective

灾后重建建筑设计
Architectural Design of Post-earthquake Donated Projects

绵竹市广济镇
第一批援建公共建筑

卫生院、小学校、幼儿园、福利院

1st. Batch of Donated Projects,
Hospital, Elementary School, Kindergarten, Nursing House

Guangji Town, Mianzhu

08/2008—08/2009

建设中的绵竹市广济镇场镇全景
Panorama View of Guangji Town under Construction
23/07/2009

项目负责人：张彤、韩冬青、周桂祥
项目组成员：邓浩、周颖、袁玮、朱坚、万邦伟、顾震弘、裴峻、孙逊、王志明、许巍、邓纹洁、都磊、贺海涛、王志东、汪建、鲍迎春、秦邵冬、叶飞、许轶、凌洁、李艳丽、谭亮、孟媛、赵玥、夔博宁、职朴、秦笛、周革利、张萍、余红、陈丽芳、童宁等

根据国务院和江苏省制订的汶川地震灾后恢复重建对口支援方案，广济镇的灾后重建工作由江苏省昆山市对口援助。第一批援建的公共建筑包括卫生院、小学校、幼儿园和福利院。根据东南大学城市规划设计研究院制订的镇区总体规划，四个项目的选址集中于镇中心的两个街区，以期达到具有整体性和高质量的城镇空间。

设计工作包括镇中心四个街区的城市设计和四个项目的单体设计，从2008年8月开始，由东南大学建筑学院和东南大学建筑设计研究院承担。至2009年8月底，第一批援建的四个项目全部竣工，交付使用。

第一批援建公共建筑的建设单位是昆山市援川工作现场指挥部、广济镇人民政府，施工单位是昆山市玉峰建设有限公司，监理单位是昆山新意建设咨询有限公司。

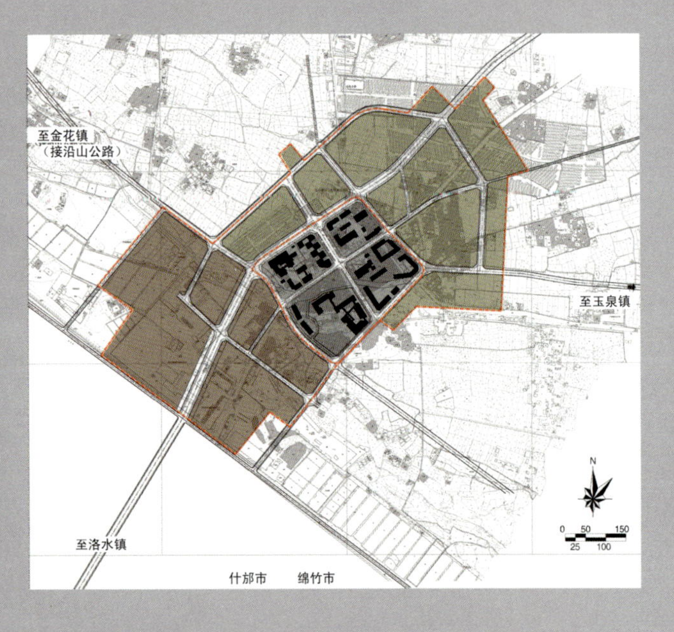

镇中心城市设计

Urban Design of Town Centre

08/2008

为了更好地衔接总体规划和单体建筑设计，力求空间环境的整体性，设计组在广济镇第一批援建公共建筑的设计工作中主动加入了镇中心四个街区的城市设计。工作内容包括细化地块划分、规划设计市镇公共空间、明确相邻地块建筑体量与外部空间关系、统一建筑风格、确定机动车出入口、形成连续的街道立面。目的是在第一批和第二批公共建筑建成之后，即可在镇区中心形成具有显著城镇空间特征并保留乡土气息的新市镇环境，争取使广济镇成为绵竹市各个重建市镇中最具整体质量的范例。

街区设计明确规定了沿现状溪流两侧为公共绿地；在镇中心十字路口，结合镇行政服务中心、文化馆与小学校的主入口设置市民广场，成为镇区居民日常活动的市镇公共空间。事实上，在详细的街区设计的指导下，各单体建筑设计的空间组织、形式风格和材料做法较为统一协调，加快了设计和建造的进度。

总平面图
Master Plan

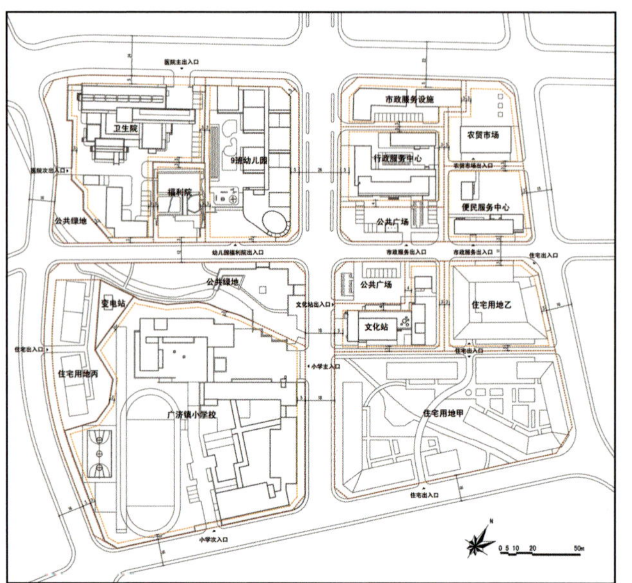

用地红线分析图　Diagram of Redlines of Properties and Construction

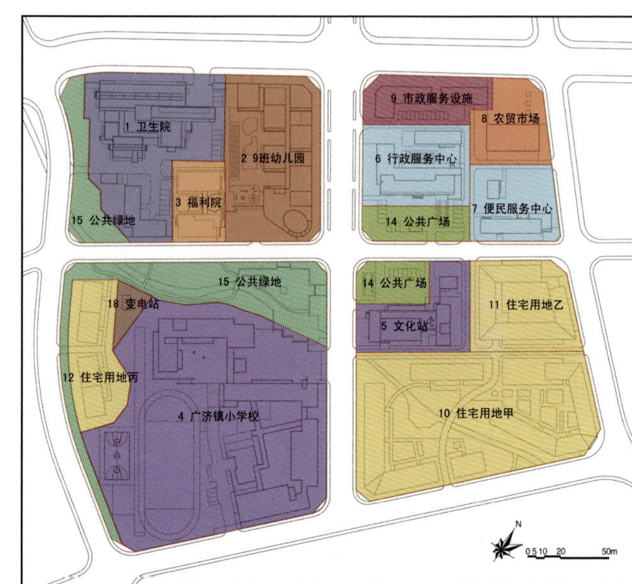

地块划分分析图　Diagram of Zoning

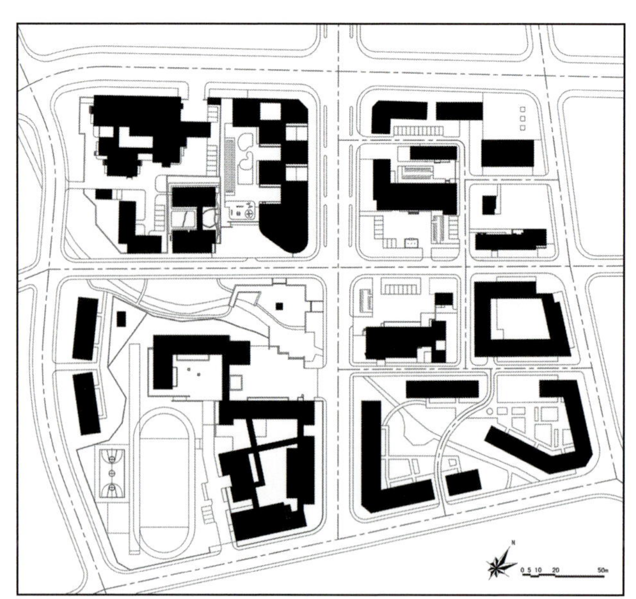

建筑体块分析图　Diagram of Building Volumes

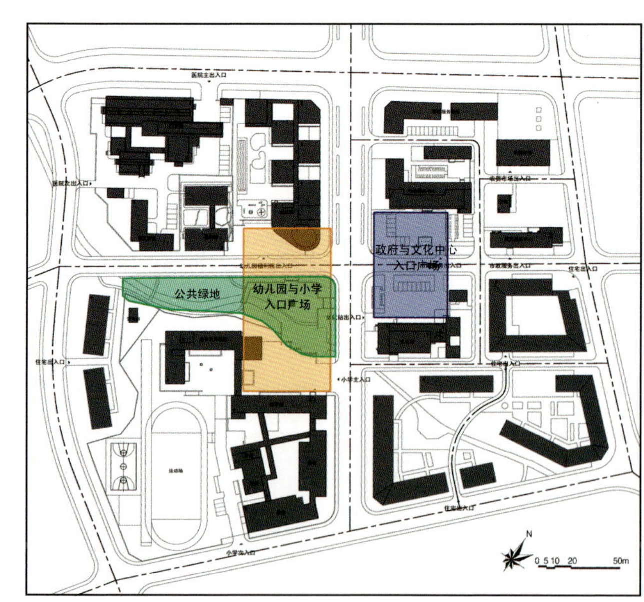

公共空间分析图　Diagram of Public Spaces

镇中心鸟瞰图
Bird View Perspective of Town Center

广济镇卫生院

Hospital, Guangji Town

08/2008—08/2009

广济镇卫生院选址镇中心区西北角，紧邻镇区两条主要道路绵广公路和金广公路，总用地面积6433平方米，总建筑面积3946平方米，包括一座门诊住院综合楼（二层，局部三层）、一座消毒供应与手术部楼（二层）以及门房等附属用房。

门诊住院综合楼的一楼完整配置了镇级卫生院的各科诊室和治疗室，其中靠近门厅的东端设有夜间可单独开放的急诊部。医技部位于一楼的西端，包括检验室、B超室、心电图室与放射室。门厅上方的独立区域为妇产科的诊室、检查室、人流室与分娩室。二楼主体部分是住院部，设有40个床位。行政办公用房位于跨越主入口广场的三层体量中。消毒供应与手术部通过庭院和连廊与门诊住院综合楼相连，一层设有计划免疫示范门诊和消毒供应室，二层配备一个完整的手术区。

建筑采用现浇钢筋混凝土框架结构，抗震设防烈度为七度，抗震等级为二级。

广济镇卫生院的建筑设计于2008年8月开始，2009年8月整体竣工交付使用。

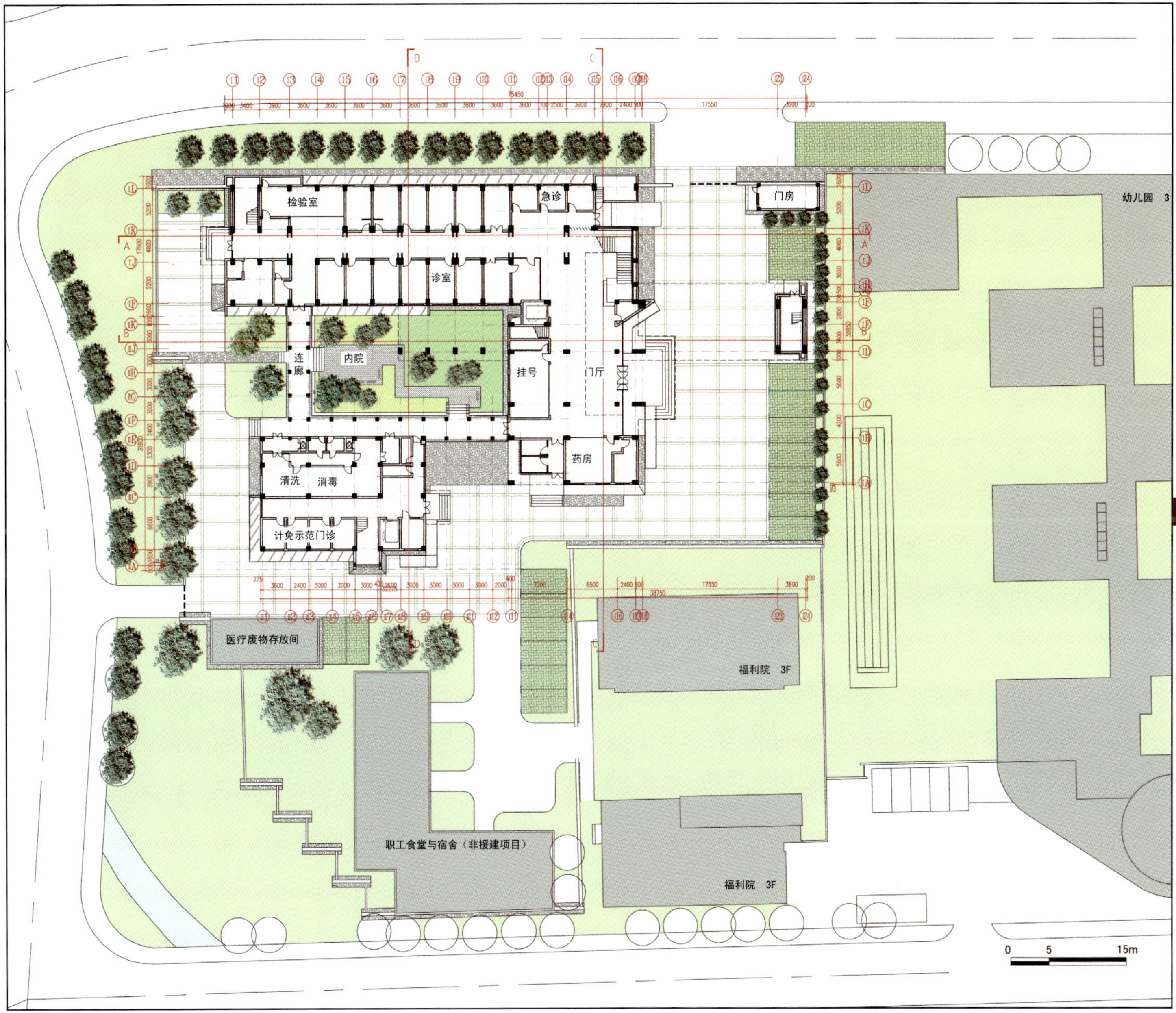

检验室
急诊
门房
幼儿园 3
诊室
连廊
内院
挂号
门厅
药房
清洗
消毒
计免示范门诊
医疗废物存放间
福利院 3F
职工食堂与宿舍（非援建项目）
福利院 3F

0 5 15m

底层平面
Ground Floor Plan

卫生院南侧视景
South View of Guangji Hospital

卫生院手术部
Operation Theatre of Guangji Hospital

卫生院西北角视景
Northwest View of Guangji Hospital

卫生院沿街遮阳立面
Shading Facade along Street of Guangji Hospital

卫生院手术部的遮阳立面
Shading Facade of Operation Theatre

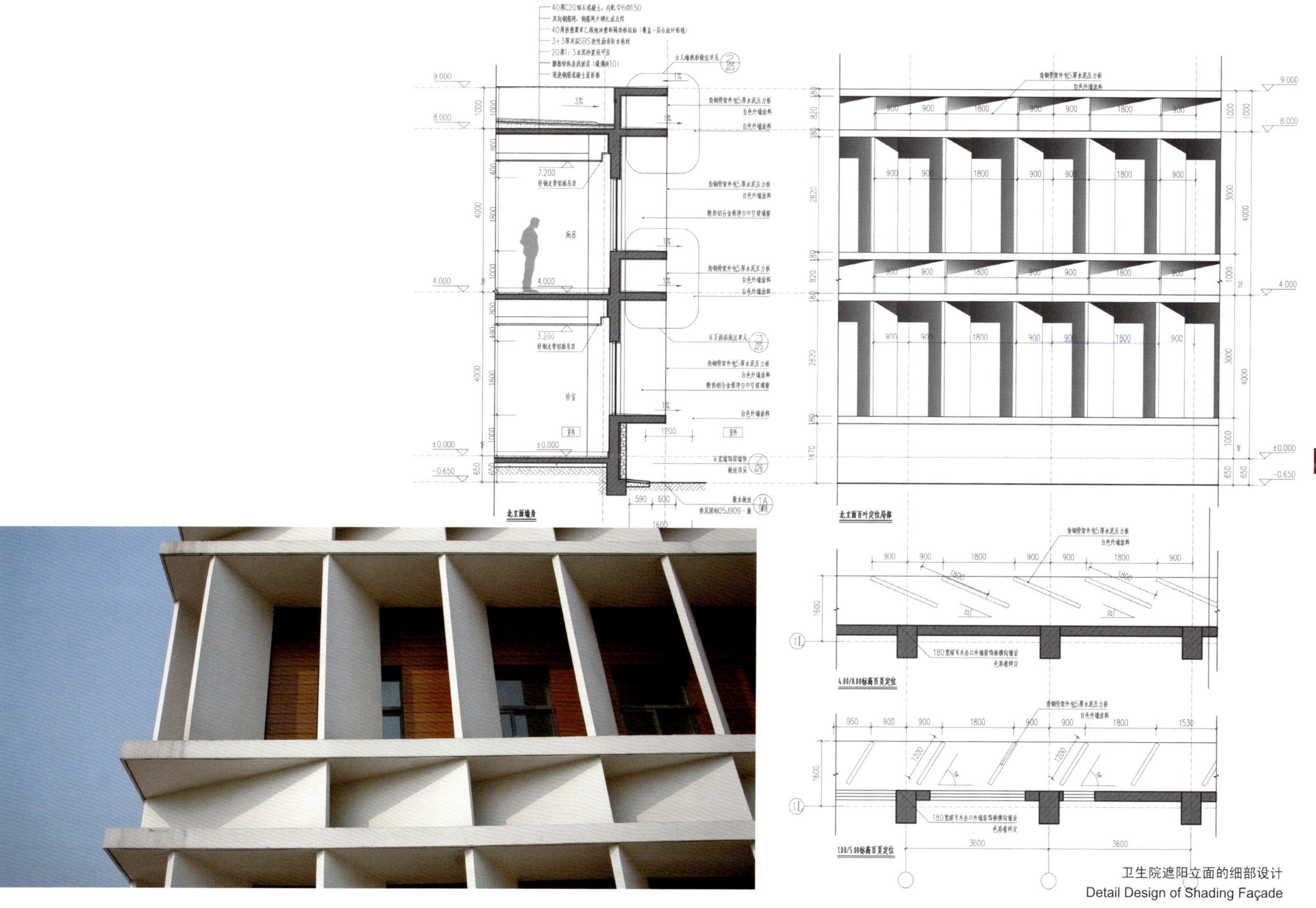

卫生院遮阳立面的细部设计
Detail Design of Shading Façade

卫生院南侧视景中的石笼墙
Cobblestone Wall at South View

石笼墙细部
Detail of Cobblestone Wall

卫生院南侧视景
South View of Guangji Hospital

施工中的二层内廊

Corridor of 2nd Floor Under Construction

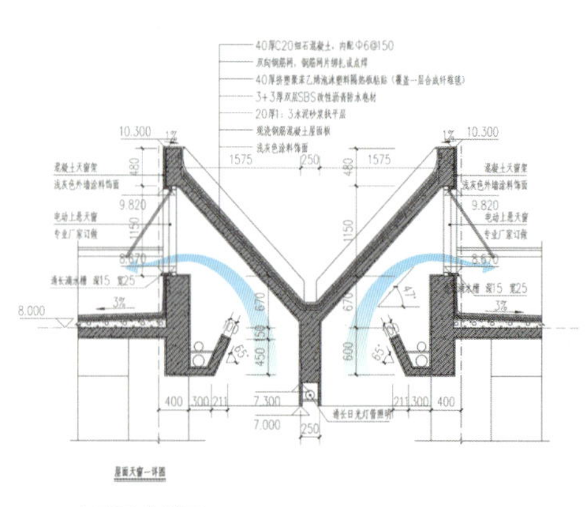

走廊天窗详图

Detail of Corridor Skylight

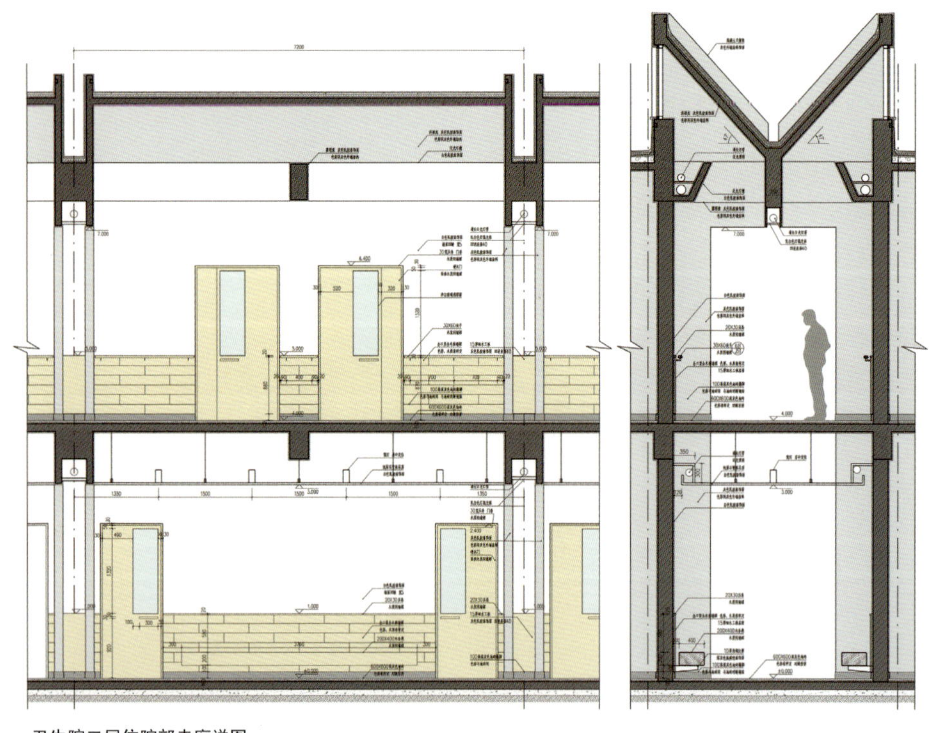

卫生院二层住院部走廊详图

Detail of the Corridor of Inpatient Section at 2nd Floor

卫生院二层住院部走廊中自然采光

Natural Light in the Corridor of Inpatient Section at 2nd Floor

卫生院门厅

Reception of Guangji Hospital

卫生院内庭院
Courtyard of Guangji Hospital

连接手术部和主体建筑的连廊
Corridor Connecting Operation Theatre with the Main Building

1. 2008年11月，张彤教授与广济镇镇长、昆山援建指挥部夏强主任在现场踏勘选址
Prof. ZHANG Tong Surveyed the Site with the Town Alcalde and Mr. XIA Qiang of Kunshan Donation Construction Group, Nov. 2008

2. 2009年5月，韩冬青教授、张彤教授在广济镇卫生院工地指导施工
Prof. HAN Dongqing and Prof. ZHANG Tong at Construction Site of Guangji Hospital, May 2009

3. 2009年5月，张彤教授在广济镇卫生院工地指导施工
Prof. ZHANG Tong at Construction Site of Guangji Hospital, May 2009

4. 2009年5月，张彤教授在现场与施工单位讨论技术方案
Prof. ZHANG Tong Discussed with Construction Company on Site, May 2009

卫生院住院部走廊的天窗光影
Natural Light from the Skylight of Inpatient Corridor

广济镇中心小学校

Elementary School, Guangji Town

08/2008—08/2009

本工程是昆山援建广济镇的重要组成部分，旨在解决灾后小学的重建问题。选址位于镇中心区的西南部，西邻穿越镇区的规划干道，北侧为规划公共广场用地，与幼儿园、卫生院等统一规划，共同形成广济镇的核心区域。总用地面积16991平方米，总建筑面积9191平方米。在新的校园建造教学楼及劳技实验楼，安排操场及体育活动和宿舍、食堂、浴室等生活服务设施。

灾后重建项目要求工期短，质量高，因而规整的平面与明确的结构成为建筑师的首先考虑。解决好教学、运动、住宿之间的功能分区，达到分合有序的最佳使用功能布局。建立特色鲜明的空间格局，设立焦点场所，使学校具有一定的标志性。创造园林化的生态绿化环境，营造活泼开放、舒适怡人的校区景观，使之对学生产生强烈的吸引。当功能空间、交通空间与景观空间按照相对合理的位置紧凑排布完成的时候，方案也就形成了。基地附近的河流里有大量的卵石，而多孔砖是最易获得的建材，它们也成为构造与装饰的主角。色彩体现了小学生活泼的特点，尽可能地保留一些树木，也许一棵美丽的大树与校舍一起将会成为对小学的记忆。

建筑采用现浇钢筋混凝土框架结构，抗震设防烈度为七度，抗震等级为二级。广济镇中心小学的建筑设计于2008年8月开始，2009年8月整体竣工，交付使用。

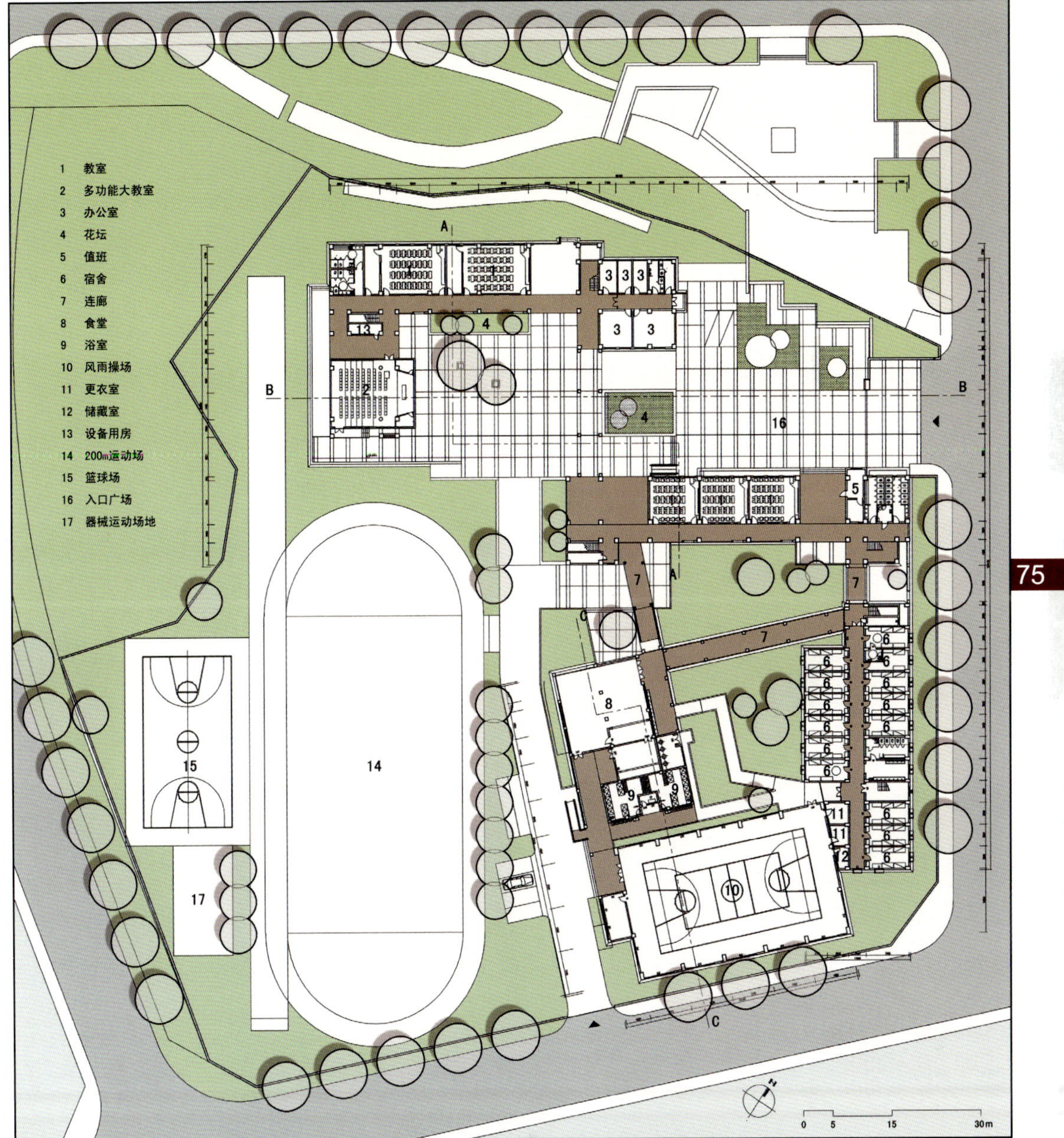

底层平面
Ground Floor Plan

中心小学校全景透视图

Panorama View of Guangji Elementary School

中心小学校南侧视景
South View of Guangji Elementary School

中心小学校南侧视景
South View of Guangji Elementary School

中心小学校北侧视景

North View of Guangji Elementary School

教学楼走廊
Corridor of Lecture Building

教学楼
Lecture Building

内庭院连廊细部
Corridor Details of Courtyard

韩冬青教授、裴峻博士、赵玥在施工现场
Professor HAN Dongqing，PEI Jun，ZHAO Yue at Construction Site

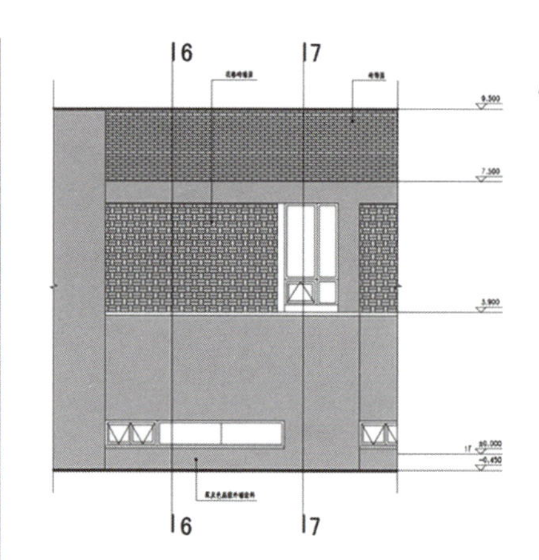

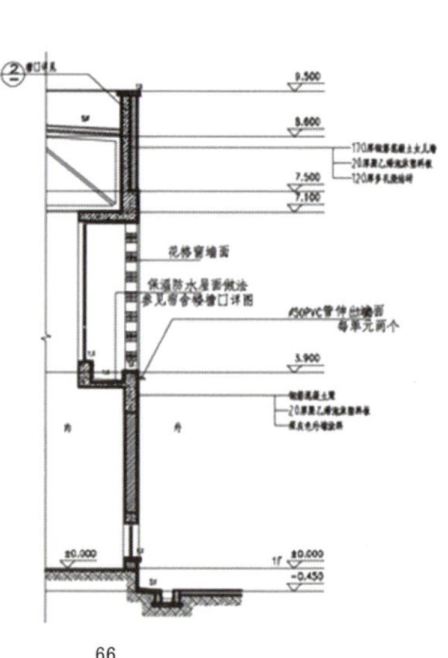

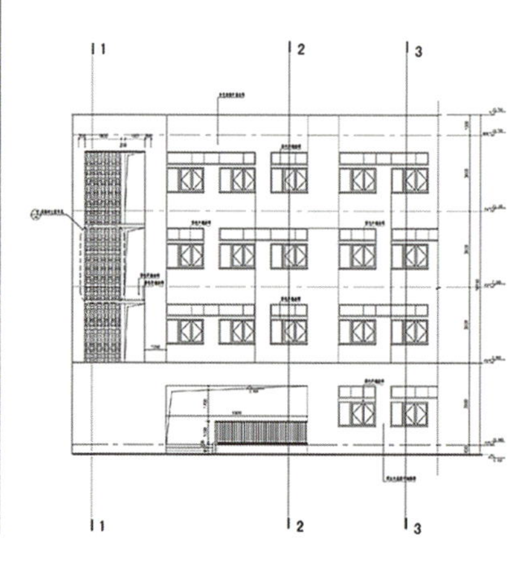

墙身细部设计
Detail Design of Walls

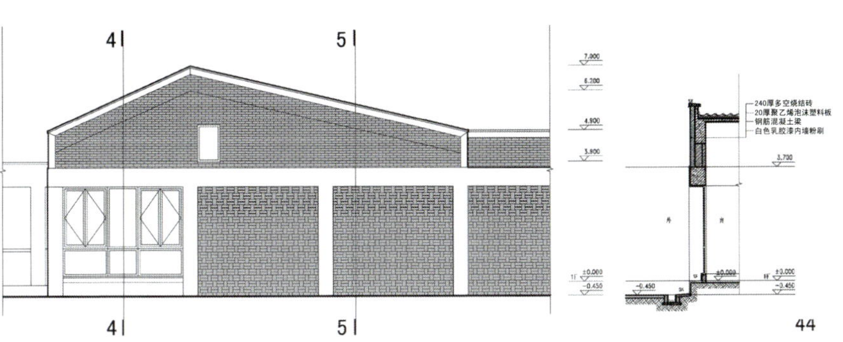

墙身细部设计 Detail Design of Walls

韩冬青教授、张彤教授、周颖老师在施工现场

Professor HAN Dongqing，Professor ZHANG Tong and ZHOU Ying at Construction Site

中心小学校的顶层庭院

Roof Courtyard of Guangji Elementary School

中心小学校食堂

Mess Hall of Guangji Elementary School

广济镇幼儿园

Kindergarten, Guangji Town

08/2008—08/2009

广济镇幼儿园总建筑面积3375平方米，地上两层，最大高度（建筑主体屋面至室外场地地面）7.7米，最大女儿墙高度（至室外场地地面）8.3米。

建筑单体的平面布局充分考虑幼儿园的特点及地方的气候条件。
功能设置严格按照国家设计规范执行。结合幼儿园班级设置特点和功能要求，平面采用标准单元与棋盘式院落交叉结合的布局方式，使每个班级都能方便舒适地使用自己班级的活动场地，符合幼儿园对空间特质的需要。

建筑造型采用简洁实用的形式，在保证内部空间使用舒适的前提下，体现幼儿园特点。建筑外墙在白色基调上，局部墙面饰以彩色涂料，营造活泼轻松的气氛。

建筑采用现浇钢筋混凝土框架结构，抗震设防烈度为七度，抗震等级为二级。

广济镇幼儿园的建筑设计于2008年8月开始，2009年8月整体竣工，交付使用。

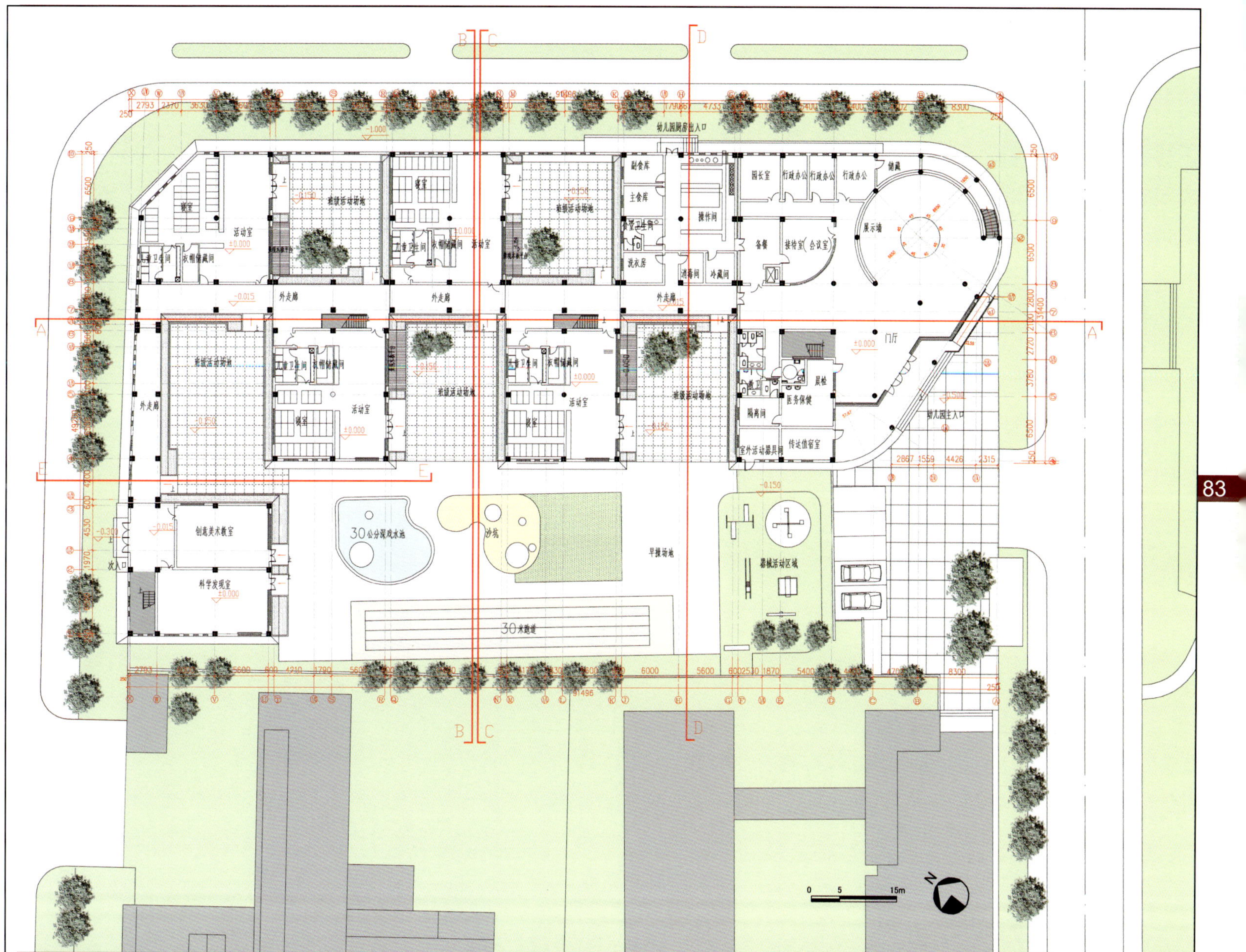

底层平面
Ground Floor Plan

幼儿园主入口视景
Main-entrance of Guangji Kindergarten

幼儿园主入口视景
Main-entrance of Guangji Kindergarten

幼儿园庭院
View from Playground

幼儿园内庭视景
Courtyard of Guangji Kindergarten

幼儿园内庭视景
Courtyard of Guangji Kindergarten

幼儿园户外活动场地视景
Open Playground of Guangji Kindergarten

幼儿园内廊视景
View of the Corridor

幼儿园小朋友的快乐生活
Children Enjoy Happy Time in Their Kindergarten

幼儿园室内视景
Interior of Kingdergarden

如花笑靥
Smile and Fun

广济镇福利院

Nursing House, Guangji Town

08/2008—08/2009

广济镇福利院的选址位于该镇中心区的西北角，总用地面积为1454平方米，总建筑面积为1861平方米。整个建筑包括南楼、北楼及其连廊，南北楼均为三层。建设用地东临广济镇幼儿园，西北面向广济镇卫生院。福利院主要入口南临镇区的主干道，北侧留有一个次要入口通向广济镇卫生院，以便于福利院患者前往就诊。

广济镇福利院收养孤老、孤残及孤儿等三孤人员，可收留孤儿12人，孤老和孤残60人。南楼一层中包含了福利院的大部分功能用房，包括门厅、管理室、活动室（兼餐厅）以及厨房；南楼二层以上为居住用房，北楼均为居住用房，所有的居室均朝南布置，可以获得较好室外视觉景观。另外考虑到儿童和成年人之间在生活方面的差异，将孤儿的居室集中在北楼二层和三层，并采用与普通住宅近似的布局方式，以便让孤儿在尽可能接近家庭的氛围中成长。孤老和孤残的居室安排依照其生活能力分为：需介护者（需常时照顾）、需介助者（拐杖、轮椅等）及生活自理者这3个等级，分别安排在北楼一层、南楼二层及三层。连廊上设有坐椅，可供居住者休息并在此眺望幼儿园中幼儿的活动。

建筑采用现浇钢筋混凝土框架结构，抗震设防烈度为七度，抗震等级为三级。广济镇福利院的建筑设计始于2008年8月，于2009年8月整体竣工并交付使用。

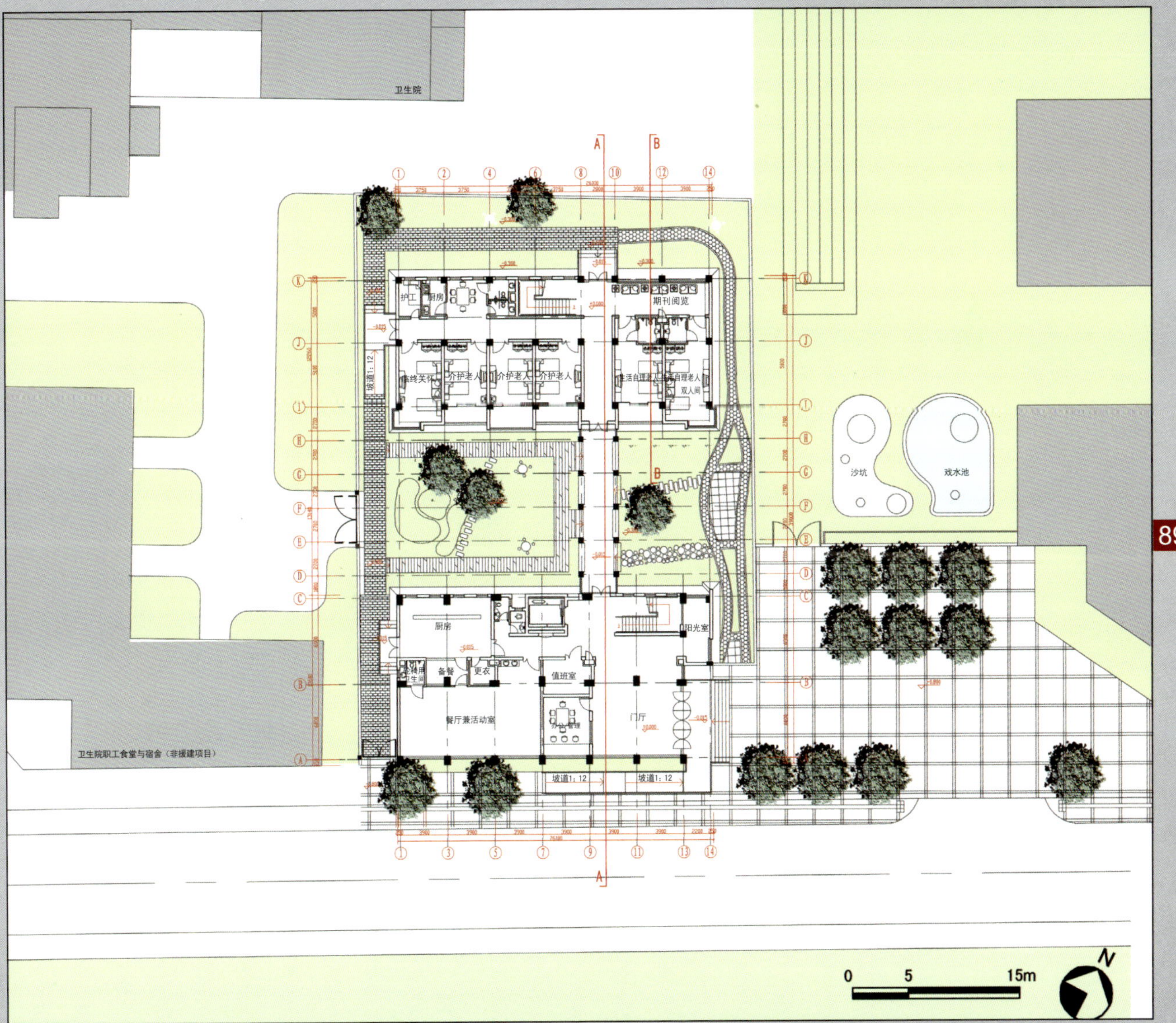

总平面图
Master Plan

福利院内院视景
View from Courtyard

福利院南侧视景
South View of Guangji Nursing House

福利院主入口视景

Main-entrance of Guangji Nursing House

福利院西侧视景

West View of Guangji Nursing House

绵竹市广济镇
第二批援建公共建筑

2nd. Batch of Donated Projects, Guangji Town, Mianzhu

08/2008—04/2010

项目负责人：王建国、鲍莉、万邦伟
项目组成员：袁玮、朱坚、王鹏、齐昉、孙逊、王志明、许巍、吴晓莉、韩重庆、唐伟伟、刘俊、王志东、贺海涛、汪健、秦邵冬、鲍迎春、周桂祥、屈建球、许轶、张辰、李艳丽、叶飞、臧胜、张程、章敏婕、徐小东、顾震弘、羊烨、洪沛竹、孙海霆、姚昕悦、葛爱荣、周革利、张萍、余红、陈丽芳、童宁

根据国务院和江苏省制订的汶川地震灾后恢复重建对口支援方案，广济镇的灾后重建工作由江苏省昆山市对口援助。第二批援建建筑包括文化中心、便民服务中心、安居房和廉租房、农贸市场及超市和镇中心绿地等。根据东南大学城市规划设计研究院制订的镇区总体规划及镇中心区城市设计，文化中心和便民服务中心等的选址位于镇中心街区的东侧，镇中心绿地与中心街区一期已建项目完美结合，安居房和廉租房则结合镇区原有道路及格局布置于镇区东侧，以期形成合理分区、形态整体的高质量小城镇空间。

整个项目的设计工作自2008年8月开始，由东南大学建筑学院和东南大学建筑设计研究院承担并陆续完成。至2010年4月中，第二批援建的项目全部竣工，交付使用。

总平面
Master Plan

广济镇文化中心

Culture Center, Guangji Town

09/2008—04/2010

设计人员：王建国、徐小东、万邦伟、王鹏、朱坚、孙海霆、姚昕悦

文化中心位于绵竹市广济镇，基地为矩形，西侧与医院、幼儿园和小学毗邻，总用地面积3179平方米。该项目由一个200座观演厅、培训中心、公厕和市民广场组成，建筑主体1层，局部2层，建筑总高控制在24米以下，总建筑面积936平方米。

1. 在城市设计地块划分和功能布局前提下，结合基地特征和周边一期已建成的学校、医院等建筑情况，充分利用文化馆、配套设施和场地上保留的树木进行外部空间的组织与划分，并在转角处利用地形和植被加以分隔和限定，形成尺度适宜、层次丰富的广场空间。

2. 建筑布局充分考虑当地气候条件采用开敞式规整平面形式，强调以功能为前提的实用原则，保证建筑良好的自然通风采光性能，注重节能、环保、生态理念的体现。

3. 观演厅布置在基地中心位置，在总体空间形态上与道路对面便民服务中心在城市设计层面遥相呼应。观演厅和培训中心之间通过一个中介空间进行沟通与联系，并利用外廊形成多层次的室内外空间过渡与承接，也可在恶劣气候条件下为市民提供便利的活动场所。

4. 培训中心在基地西侧，可通过室外楼梯直接到达2层，并以保留的树木为核心组织院落空间，打造优雅宁静的活动环境。配套公厕独立在外，方便使用和管理，同时也能满足公众使用。

5. 建筑设计采用一般通用建材和构造节点，经济实用，方便施工和工程进度把握。

6. 建筑用色主要有两种，白色的形态结构性构件和土红色面砖的填充墙体，试图营造震后重建家园的温馨。

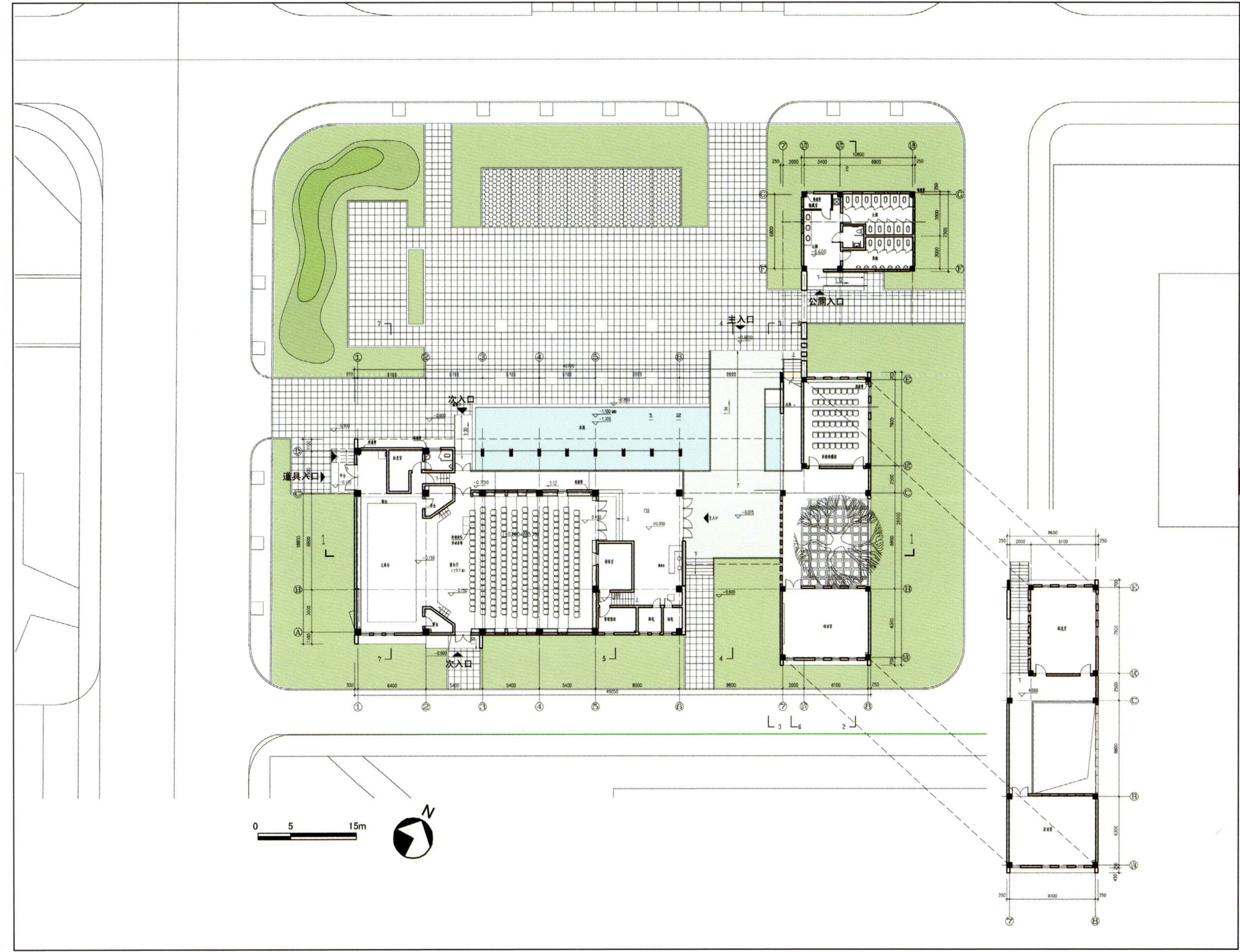

底层平面
Ground Floor Plan

文化中心鸟瞰图
Bird View of Guangji Culture Center

文化中心西北角视景
Northwest View of Guangji Culture Center

文化中心南侧视景
South View of Guangji Culture Center

文化中心入口视景
Entrance View of Guangji Culture Center

文化中心东南角视景
Southeast View of Guangji Culture Center

立面细部
Detail of Facade

通向二层的楼梯
Stair to 2nd Floor

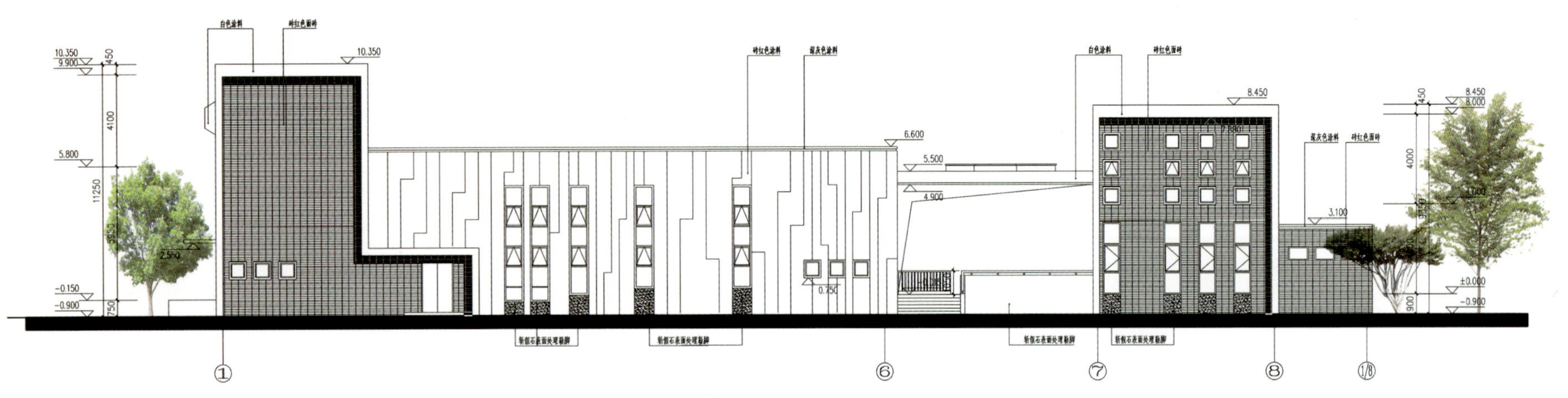

南立面图 Sorth Facade

主入口视景
Main-entrance View

文化中心前广场东侧
East Side of Plaza

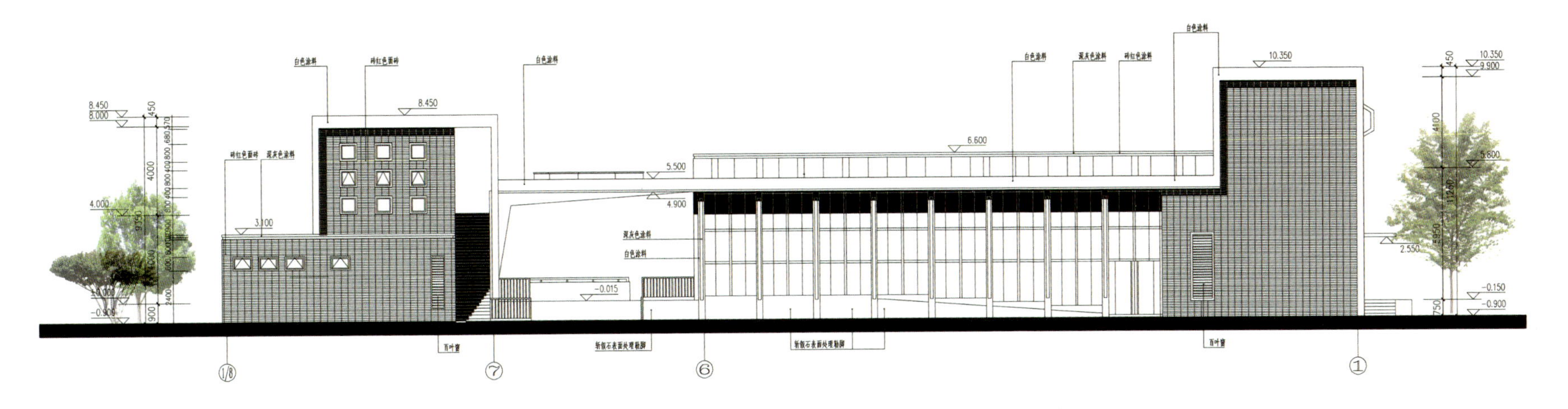

北立面图　North Facade

文化中心内院
Courtyard of Guangji Culture Center

外墙细部
Detail of Facade

文化中心门厅
Entrance Hall of Guangji Culture Center

文化中心东侧庭院
East Courtyard of Guangji Culture Center

广济镇便民服务中心

Service Center, Guangji Town

09/2008—04/2010

设计人员：王建国、徐小东、万邦伟、王鹏、朱坚、孙海霆、姚昕悦

便民服务中心位于绵竹市广济镇，基地为矩形，南侧与文化中心隔路相望，西侧为幼儿园和小学。该项目由便民服务中心1号楼、2号楼、农贸市场和配套公厕组成，主体4层，局部3层，总用地面积10400平方米，总建筑面积2984平方米。

1. 结合用地现状和功能要求合理布局，与路对面文化中心共同围合成文化广场和市民广场，创造园林化生态绿地，形成整个镇区的公共活动场所。

2. 基于地方气候条件，建筑布局规整开敞，单廊设置有利增强自然通风采光性能，减少空调使用；建筑南侧造型结合遮阳处理，创造丰富的光影效果，较好地体现了节能、环保、生态理念。

3. 考虑到抗震救灾援建项目的特殊要求和定位，工期短，造价低，要求高，建筑布局和结构选型简单合理，各种功能之间相对独立又便于管理，调度有序。建筑外墙选用涂料施工便捷，局部采用红砖饰面加以点缀，色彩强烈又不失协调，有利于缓减灾难之后民众的伤感情绪。

底层平面
Ground Floor Plan

行政服务中心西南侧视景
Southwest View of Guangji Service Center

便民服务中心西北角视景
Northwest View of Guangji Service Center

便民服务中心配楼东南侧视景
Southeast View of Guangji Service Center

建设中的农贸集市
Market under Construction

农贸集市内部视景
Inside View of Market

便民服务中心室内

Windows View from Guangji Service Center

便民服务中心立面遮阳

Shading Facade of Guangji Service Center

南立面图　Sorth Facade

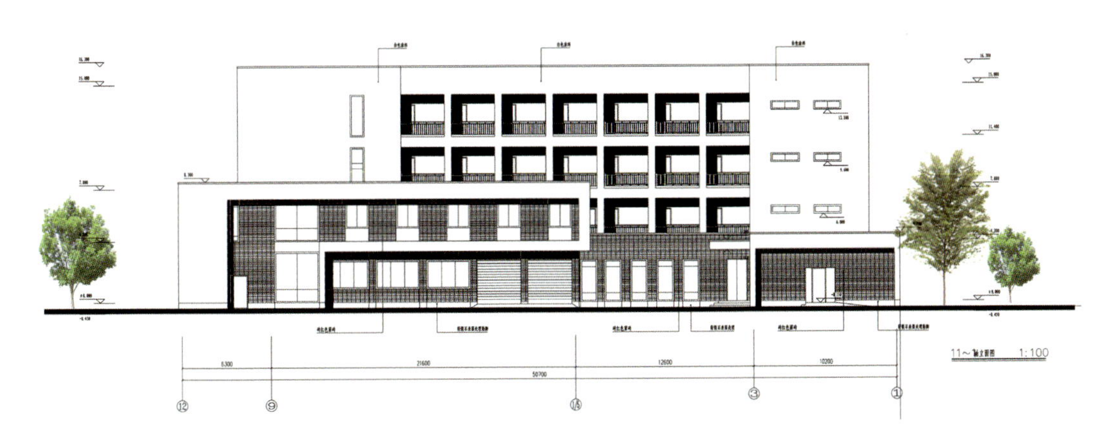

北立面图　North Facade

便民服务中心内部
Interior View of Guangji Service Center

广济镇安居房及廉租房

Affordable Housing，Guangji Town

08/2008—04/2010

广济镇安居房及廉租房选址镇东南，沿府南路两侧，总用地面积5621平方米。安居房总建筑面积9856平方米，分别设计为60平方米84套、90平方米32套和120平方米12套，共计128套；廉租房用地面积4690平方米，总建筑面积6302平方米，122户。

安居房沿府南路两侧，共分为A、B、C3个相对独立的组团，周边道路环绕，交通便利。组团主入口分别位于与府南路相交的次干道上，围合出独立的院落，既方便住户出入，又可减少干扰，保证院落的私密和住宅安静。

建筑体型规整，采用砌体结构，结构布置均匀合理，整体性好，抗震设防烈度为七度，抗震等级为二级。

广济镇安居房及廉租房的建筑设计于2008年8月一期项目开始时即展开，期间几易其地，建设标准和指标也多次更改，相应的设计也经过多轮反复方于2009年4月定案。项目于2009年6月开工，2010年4月整体竣工，交付使用。

总平面图

Master Plan

安居房入口视景
Entrance View

安居房A北侧视景
North View of Plot A

安居房A南立面图
South Elevation of Plot A

安居房A剖图
Section of Plot A

A地块底层平面图
Ground Floor Plan of Plot A

安居房院落视景

Courtyard View of Plot A

廉租房院落视景
Courtyard View

安居房院落视景
Courtyard View

窗景
Window's View

楼梯间
Staircase

廉租房院落视景
Play in the Courtyard View

安居房B院落视景
Courtyard View of Plot B

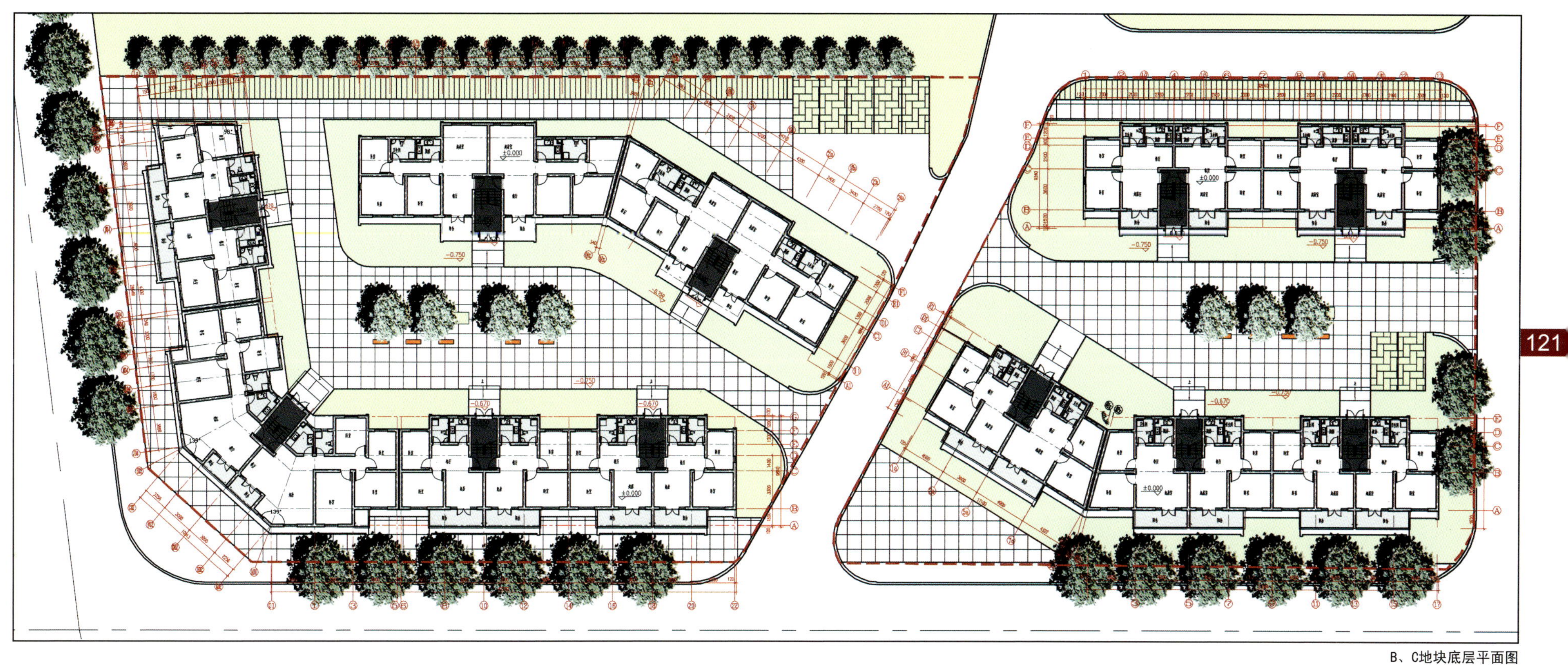

B、C地块底层平面图

Ground Floor Plan of Plot B & C

安居房B转角楼梯间
Staircase in Corner of Plot B

安居房A沿街视景
Street View of Plot A

安居房C院落视景
Courtyard View of Plot C

安居房立面
Elevation

廉租房南侧视景
South View

廉租房院落视景
Countyard View

D地块底层平面图
Ground Floor Plan of Plot D

廉租房东南角视景
Southeast View

廉租房院落视景
Courtyard

廉租房院落视景
Courtyard

广济镇镇区中心公共绿地设计

Public Green Space of Guangji Town Centre

09/2008—04/2010

广济镇公共绿地总面积约9200平方米，主要包括中心绿地、府南路南侧绿地和府南路北侧绿地。
中心绿地位于府南路和广济镇小学北侧边界之间，面积4390平方米。用地内现有一条东西向贯穿的河道。东侧位于镇中心道路交叉口的位置设计了一个市民广场，地下建有为该街区四幢公共建筑提供消防用水的水池泵房，泵房顶自然形成主题平台。广场南侧将河道扩大为一水面，对小学校形成自然隔离。其余用地以自然绿地和河道为主，驳岸采用软质自然驳岸，造价低廉又具生态价值。
府南路南侧绿地和府南路北侧绿地则分别与文化会堂和便民服务中心结合，整体设计。

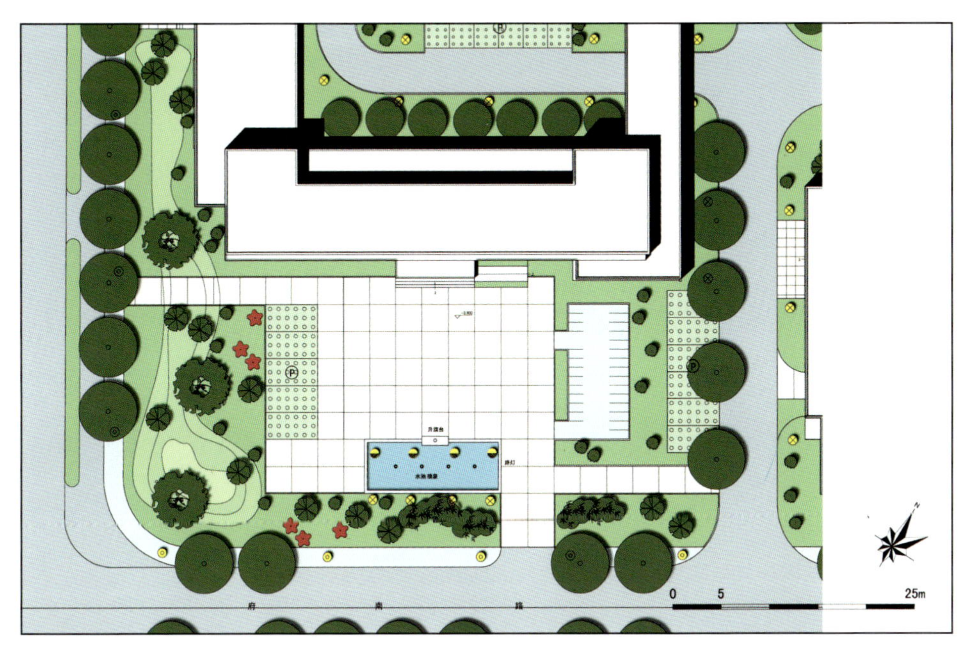

府南路北绿地总平面
Green Space at North Side of Funan Road

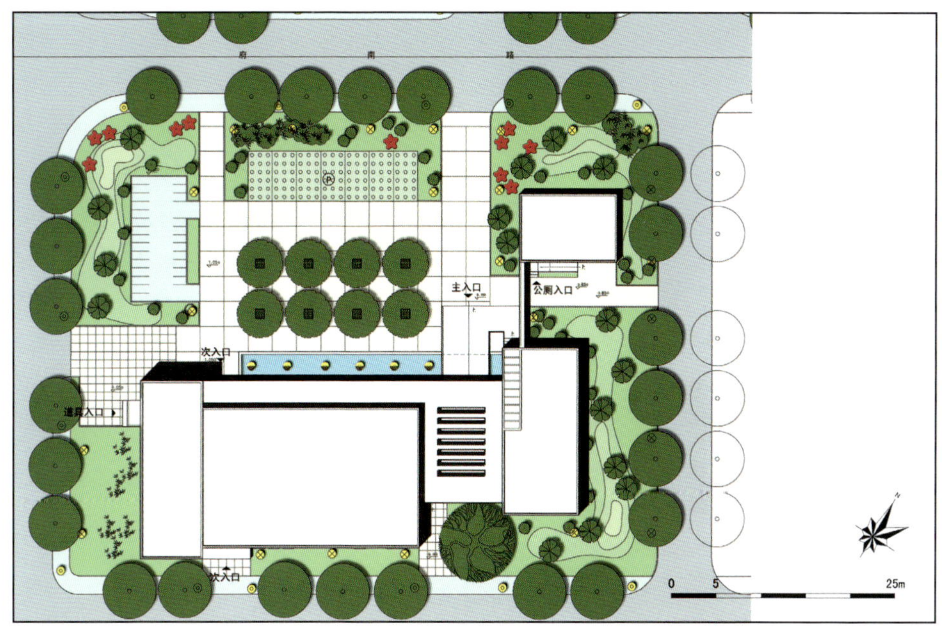

府南路南绿地总平面
Green Space at South Side of Funan Road

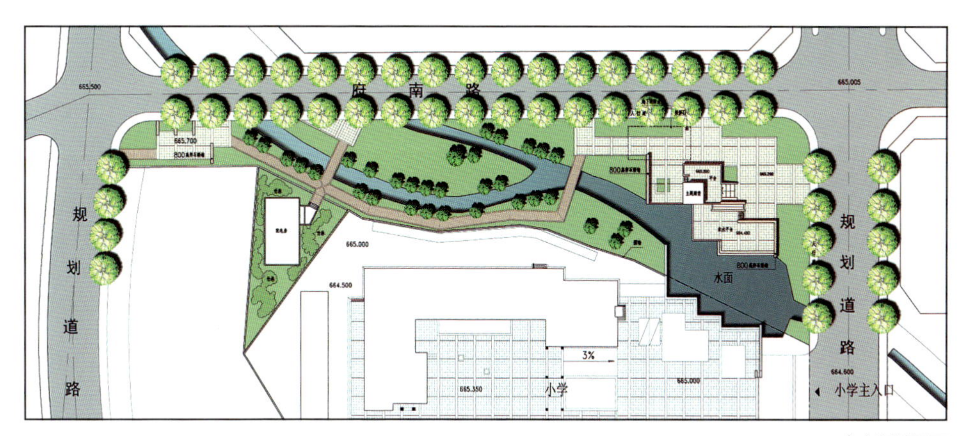

中心绿地平面
Central Green Space

广济人民的评价

Comments from Local People of Guangji Town

广济镇地处绵竹西部边沿，与什邡洛水一江之隔，属绵竹沿山镇乡之一，全镇辖6个行政村、1个社区，总人口2.4万人。“5·12”汶川特大地震，使广济镇遭受重创，全镇8000多户农户95%以上的房屋全部倒塌，基础设施毁损严重。在恢复重建工作中，广济镇党委政府在上级党委政府的正确领导下，在江苏昆山人民的倾情援建下，农房重建全面完工，镇卫生院、中心小学校、廉租房、安居房等一大批援建项目竣工使用。通过东南大学的设计，一个功能完善、规划科学、布局合理、环境优美的新广济正在诞生中。

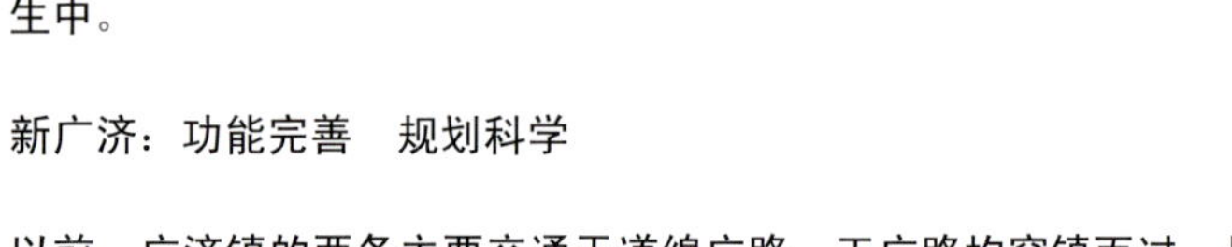

王建国院长在介绍设计方案

Dean Prof. WANG Jianguo Doing the Presentaotion of Project Design

张彤、鲍莉、邓浩在介绍设计方案

Prof. ZAHNG Tong, BAO Li and DENG Hao Doing Presentation of Project Design

新广济：功能完善　规划科学

以前，广济镇的两条主要交通干道绵广路、玉广路均穿镇而过，是典型的小城镇发展过程中马路经济模式，通过东南大学设计，在这次重建中投入资金新建了十条道路，形成四纵四横的主题格局，彻底改善广济镇的交通状况，同时为广济的整体发展预留了空间。

在基础设施建设中，广济镇管网全部采取地下走线。在广济镇的重建设计中，为了更好地衔接总体规划和单位建筑设施，力求空间环境的整体性，东南大学还引入“城市设计”的理念，在镇中心四个街区的范围内，主动加入了街区设计的环节。包括细化到块划分、规划设计市政公共空间、明确相邻地块建筑体量与外部空间关系、统一建筑风格、确定机动车出入口、形成连续的街道立面等。

广济镇以构建“生态型工贸城镇、镇域综合服务中心”为目标，致力打造开放可持续发展的空间结构，充分利用自身资源和外部交通条件，改善镇区投资环境，创建怡人的生活空间，逐步推进城乡一体化建设。

在功能的分区上，新广济镇区西南方向主要以学校、卫生院、敬老院、幼儿园、社区文体中心、镇综合服务中心为主体，构建场镇综合服务区；在镇区中心区域以安居房、廉租房为主体，构建场镇生态生活区；在场镇西北方向以农贸综合市场、公交车站和场镇商贸自建区域为主体，构建场镇商贸服务区；以穿镇沟渠和石亭江大桥辅道两侧为主线，进行生态、景观打造，构建场镇休闲生活区；以镇区石亭江沿岸为基础，充分利用闲置河滩地，打造镇域工业区。该规划遵循先进的规划理念，使各个区域功能互补，达到资源的有效配置。

新广济在管线及公共设施配套上，科学超前，在镇区各条主次干道将排水、排污、供电、供气、通信管线设施下地埋设，同时对雨污实施了化粪池净化处理，修建了生活垃圾转运站，实行场镇生活垃圾集中收集处理，并配置了环卫洒水车，致力打造环保、洁净型场镇。

按照灾后重建总体规划，镇党委政府坚持以人为本，充分尊重拆迁户意愿，由拆迁户根据自身条件自主选择，以廉租房、安居房、租金补贴或规划自建等几种方式进行妥善安置；按征地政策征用原场镇周边村组集体土地和灾后过渡安置板房用地，为拆迁户自建房提供土地资源；对拆迁户从土地性质、房屋结构、房屋价值进行集体评估，统一拆迁补偿标准，杜绝暗箱操作，杜绝人情拆迁，政策公开透明，达到拆迁资金的有效利用。

新广济：城乡一体化　城镇优美化

按照场镇总体规划，江苏昆山援建单位在场镇先后实施了学校、卫生院、廉租房、安居房、石亭江广洛大桥、镇区道路等27个援建工程项目。同时安排了1600余户场镇居民和场镇周边农民进行统规自建，目前场镇总体格局已初具雏形，在具体实施过程中，严格按照场镇重建总体规划，实行功能分区，进行规划建设；扩大区域，诚恳邀请本镇及周边镇乡有意到广济发展的商户落户场镇，从土地划拨、规划建设上给予优惠，实行与本镇居民同等建房政策，享受同等的基础设施配套政策。目前，共吸收场镇周边农民和外地建房户420余户，使镇区常住人口由震前的978人，发展到现在的3500余人，努力打破城乡二元结构，大力推进城乡一体化建设。

广济镇首先想到的是农民进镇后的就业、创业等问题，使农民真正进得来、留得住，逐步使广济镇成为就地就近转移农民的集聚地，让先富起来的农民进入城镇安居乐业，改善城乡二元经济结构，实现人口、经济要素的合理分布和自由流动。广洛大桥贯通后，广济的区位条件将得到彻底改善，加之城乡一体化的推进，广济的未来将充满无限生机和活力！

广大群众高兴地说：东南大学的规划设计和昆山援建，将使广济镇超前近三十年。我们将永远铭记他们的恩情！

2010年3月26日

昆山市援建指挥组的评价

Comments from the Donation Construction Group

一是规划水平高。

在灾后恢复重建规划修订中，引入东南大学团队，把城市设计的理念引进广济的恢复重建中，采用街景设计的手法统一场镇风格，力求风格的统一协调。

二是规划效果好。

广济镇由于属于三类小镇，每个单体体量都比较小，我们努力把一个个单体整合在一起，形成良好的整体效果。在规划的实际执行中，严格按照绵竹市人民政府批准的规划执行，绵竹市规划局对广济镇的规划执行给予了高度评价。

三是规划功能齐全。

在已经确定的四期27项工作，工程项目21项，其中农房重建投入资金1.5亿元，场镇公共建筑及基础设施投入资金2.2亿元，包含了一般场镇的全部功能，在废墟上重新建起一座新镇。

2010年3月26日

王建国院长在介绍设计方案

Dean Prof. WANG Jianguo Doing the Presentation of Project Design

援建设计组在现场（左起：万邦伟、汪建、鲍莉、羊烨）

Design Group on Site (From left :WAN Bangwei, WANG Jian, BAO Li, YANG Ye)

张彤教授、许巍老师、裴峻、爨博宁在现场工作

Prof. ZHANG Tong, XU Wei, PEI Jun and CUAN Boning Working on Site

教育部灾后重建学校设计

Schools’ Reconstruction Design, Ministry of Education

06/2008—10/2008

为贯彻落实国务院《汶川地震灾后恢复重建条例》，有力、有序、有效地推动汶川地震灾后学校重建，教育部于2008年6月初在北京召集部属九所高校设计院，部署编制《汶川地震灾后重建学校规划建筑设计导则》（简称《导则》）的工作。在此基础上，为地处重灾区的32所需要重建的中小学校、幼儿园援助设计了规划建筑方案，并汇集出版《汶川地震灾后重建学校规划建筑设计参考图集》（简称《图集》），两项工作均于2008年10月份完成。

东南大学建筑设计研究院积极响应号召，组织了强有力的领导班子和技术力量参与两项工作，为此获得教育部表彰。葛爱荣院长、孙光初院长、沈国尧总建筑师、吴志彬总工程师、马晓东副总建筑师先后多次参与《导则》编制会议讨论与修改工作，并且吴志彬总工程师作为结构专家成为《导则》主要起草人之一。在沈国尧总建筑师、马晓东副总建筑师指导下，设计院李大勇、庄昉、倪慧、穆勇等青年建筑师不辞辛劳，加班加点完成了《图集》中彭州市葛仙山九年制学校及幼儿园、罗江县金山初级中学、德阳市东电高级中学、绵竹市南轩高级中学共4项建筑设计任务。

□《推荐图集》设计人员：

1. 绵竹市南轩高级中学（沈国尧、李大勇）；
2. 罗江县金山初级中学（沈国尧、庄昉）；
3. 德阳市东电高级中学（沈国尧、马晓东、穆勇、万邦伟）；
4. 彭州市葛仙山九年制学校及幼儿园（沈国尧、马晓东、倪慧）。

感悟建筑师的社会责任——汶川地震灾后重建学校设计有感

The Social Responsibility of Architects

沈国尧
SHEN Guorao

沈国尧教授亲自绘制规划草图到凌晨
Prof. SHEN Guorao Doing Skerch in Early Morning

沈国尧教授现场工作照片
Prof. SHEN Guorao Working at Field

2008年7月初我院领受了教育部组织的“汶川地震灾后重建学校设计（推荐设计）”任务，7月8日我和葛爱荣院长就带了一个设计组来到灾区设计现场——德阳。我们承担了4所学校的设计，它们是：德阳市东电中学、绵竹市南轩中学、罗江县金山初中和彭州市葛仙山九年制学校。在德阳的日子里，我们白天踏勘现场，与教育部门和学校有关人员交换意见，晚上拟定重建方案和总体规划，虽然从早工作到深夜，大家始终情绪高涨。四天时间，我们提出了四所学校的重建方案和校园规划的草图，并与学校取得了一致的意见。从表面上看，我们在为汶川地震灾后重建贡献了一点微薄的爱心，实际上这次灾区之行我们在心灵上接受了一次深刻的教育。首先是灾区人民与灾难斗争的坚强意志和全国人民救灾援助的无私爱心给我的教育，另一方面，面对满目疮痍、地震肆虐后的场景，面对破损、倒塌的建筑废墟，作为一名老建筑师，深深感到应该对“建筑师的社会责任”作一次反思。

站在东汽中学的废墟上

在我们负责设计的四所学校中，校舍的破坏数量不少，大部分都成了危房，也有的建筑局部倒塌，已经拆除，但彻底倒塌的几乎没有见到。据几位校长介绍，这四所学校都没有学生死亡。为了使设计能有更好的抗震性能，我们考察了受灾严重、损失也最惨重的位于汉旺镇的东汽中学。在守卫汉旺镇的武警军官带领下，我们走进那片曾经夺取了240名青春年少的鲜活生命的废墟。此时离大地震将近两个月了，现场已经过清理，但我们仍可以看到在杂乱的碎砖、水泥板块前散落着死难者留下的遗物：书包、文具、鞋子、矿泉水瓶，还有写满稚嫩、工整字句的练习本。在一处用砖块垒成、插着棒香的“祭坛”前，大家沉默无语，心情沉重。

靠近我们站立处的几幢低层砖混建筑都已瘫倒在地成了瓦砾，远处那座四层教学主楼虽然部分还树立着，但很大一部分已被剥离，一塌到底，楼梯口的通廊也全部倒塌，可能这也是一个致命的灾难点。

陪同我们考察的德阳市教育局的同志向我们介绍：那幢教学主楼是1970年代建造的，地震前已发现这幢建筑存在质量问题，属于危房，但由于学校即将“调整”，没有及时加固，而且调整的进展又很慢，以至造成如此不幸的后果。这是一个多么惨痛的教训。

房屋在第一时间内倒塌，施工质量当然是一个重要的因素，但设计人员又有哪些经验教训值得吸取呢？我当时想到的首先是选址问题。汉旺镇位于成都平原的边缘地段，东汽中学教学楼的平面更是比较规整的，可以全部采用横墙承重，但这幢楼的一端（也就是垮塌的一端）却采用纵墙承重，可能也是倒塌的原因之一。第三是构造问题。从被地震力切割开的建筑“剖面”里明显地感到预制空心板是罪魁祸首之一，没有固结的搁置点，没有整体的拉结，加之本身细弱的钢筋，自然挡不住地震波的冲击。如果建筑师和结构工程师在设计时多考虑几分安全，再仔细地加强一些构造措施，能在强震面前“裂而不倒”，200多名活生生的孩子也许就不会遭此劫难。

我想起了上午在南轩中学校园里见到的一幢外观简洁秀美、风格现代的教学楼，但墙体多处倒塌，墙面裂缝纵横，走近一看，原来建筑师为了追求立面凹凸效果，相当一部分墙体砌在框架外侧，有的甚至砌在远离框架的悬梁上，更离奇的是框架柱上居然没有“胡子筋”与墙体连接，这是多么典型的片面追求造型，忽略构造措施的例子。

感悟建筑师的社会责任

在江苏省建筑师学会的学术年会上仲德崑先生做了《汶川大地震引发的建筑思考》的报告，他把当前中国的建筑师分为三类：明星建筑师、商业建筑师、主流建筑师。他说：“如果说汶川大地震以后，中国的建筑和建筑界会有什么变化的话，我想，应该是第三种建筑师会越来越多，为我们的社会提供更多安全、适用、经济、美观的建筑。”仲先生所说的“主流建筑师”，我想就是那些大多数的普通建筑师，他们没有惊天动地的大作，也不做低俗媚世的“精品”，他们只是具有社会责任心的平凡建筑师。

通过这次实践我深有体会：建筑师经历了汶川地震灾区的重建工作，也如同经受一场心灵的洗礼，感悟到身上的社会责任，应该成为真正的主流建筑师。当我想起那一幢幢伤痕累累的校舍，一排排临时搭建的板房教室，还有那些校长、老师、包括孩子们期盼的眼神，心里总是很不平静。现在灾区有上万所学校等待着重建、修建或新建，建筑师必须承担这项工作，这是我们的责任，义不容辞。

地震灾害以及灾后重建对建筑界的震动和教育，唤起了广大建筑师的社会责任感，他们在言论、行动上也都有积极的表现，但是否能持久地、根本地改变我们的建筑观呢？但愿不要等热情过后，又回到了只有建筑造型、表皮的浮华世界。也许这是我多余的担心。

绵竹市南轩中学

Nanxuan Middle School，Mianzhu

06/2008—01/2010

本工程总用地73333平方米，总建筑面积42421平方米，无地下室，建筑总高度19.8米。绵竹市南轩中学为四川省重点中学，初中30个班，高中30个班，共计3000名学生。其中90%为住校生，设计时需考虑2700名学生的住宿问题。

总平面布置：在保留古建东侧以完全仿古的形式新建一组合院建筑，完善核心区的布局，功能为校史陈列及教师阅览室。核心区北侧是以院落的形式组合而成的初高中教学楼及实验楼区域。核心区以南为生活区。核心区以东为体育活动区，建设了新的风雨操场、400米标准跑道以及篮、排球场。核心区以西结合保留的原有大门南侧，建设学校行政区。

建筑设计：建筑群在一层各主要出入口处大面积采用架空的处理手法，利于人流的疏散，同时在视觉上形成通透的效果。在单体造型设计上，采用平坡结合的手法以取得与保留建筑之间的呼应，以现代的设计手法进行设计，不求形似，但求神似。考虑到抗震减灾的要求，结构形式为钢筋混凝土框架结构，基本无选调结构，设计抗震设防裂度为七度，设计基本地震加速度值为0.15g。

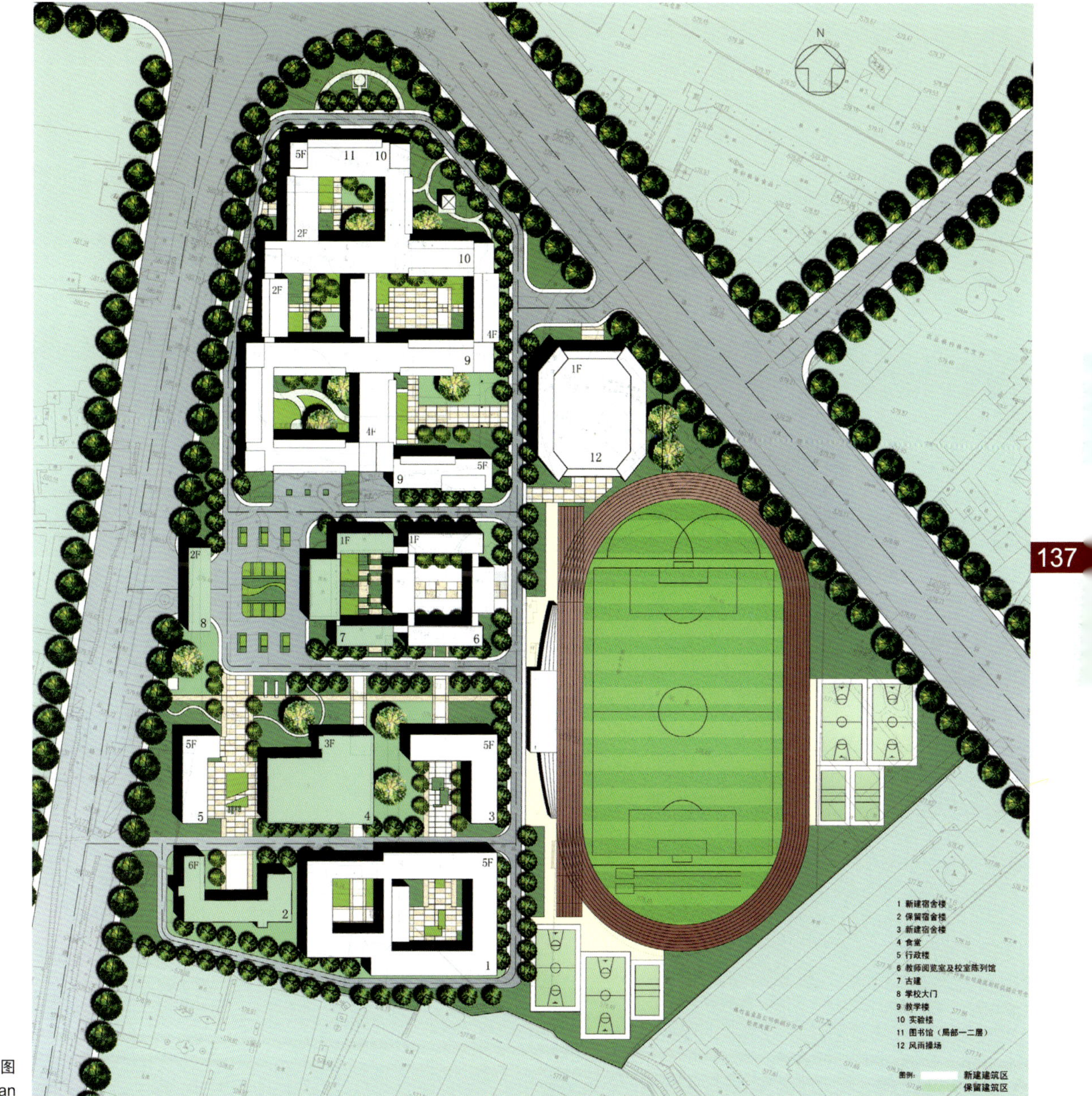

总平面图

Master Plan

鸟瞰图
Bird View Perspective

南侧视景
South View

庭院视景
View of Courtyard

图书馆入口透视
Entrance of Library

教学楼西侧视景
West View of Lecture Building

1. 沈国尧教授和葛爱荣院长一行在灾区现场踏勘
Prof. SHEN Guorao & Director GE Airong Working on Site

2. 南轩中学蒋光述校长为东南大学建筑设计研究院赠送锦旗
President JIANG Guangshu of Nanxuan Middle School Presenting a Commemorative Flag to Architecture Design Institute of Southeast University

3. 沈国尧教授与葛爱荣院长在竣工典礼现场
Prof. SHEN Guorao & Director GE Airong Attended the Completion Ceremony

4. 设计表代戴何在封顶现场
Representitive DAI He at the Completion Ceremony of Main Structure

德阳市东电中学

Dongdian Middle School, Deyang

07/2008—在建

设计人员：沈国尧、马晓东、袁玮、万邦伟、穆勇、孙逊、吴晓莉、郭维、邓纹洁、刘俊、王志东、汪健、秦邵冬、周桂祥、张辰、许轶、唐超权、陈俊、徐明立、臧胜、张程、陈洪亮

本工程总用地7.35公顷，总建筑面积35680平方米，新设计项目的总建筑面积22000平方米。学校规模为初中30个班，高中30个班，在校生3000人，考虑到1300名学生住宿。其中校舍总建筑面积28500平方米，学生宿舍总建筑面积7180平方米。

指导思想：以人为本、承前启后、新老结合、抗震耐用是本方案的指导思想。在对基地各类条件进行充分研究的基础上，保持与相关规划设计成果的衔接及吻合，同时探索与城市文化及时代特征更适宜的形象定位，反映地域特色，体现场所精神。

功能分区：规划后的学校由南向北分为三大功能区，南面是教学区，中间是辅助教学及学生生活区，北面是体育活动区。新建的学生食堂及风雨操场位于学生宿舍区与教学区之间，并在西侧规划道路上设有后勤出入口，符合学生的学习生活流线，分区明确，极大地方便了学生的使用和学校的管理。

总平面图
Master Plan

罗江县金山初级中学

Junior School, Jinshan Town, Luojiang

08/2008

设计人员：沈国尧、庄昉、周革利、张萍、余红、陈丽芳、童宁

本工程为罗江县金山初级中学原址部分重建的校园总体规划设计工程，建设地点位于德阳市罗江县金山镇。罗江县金山初级中学原有校园分为本部和分部，两个地块相距300米。在本次地震中两地块校舍仅有本部的一幢学生宿舍及一幢办公楼经鉴定予以保留使用，其他校舍均损坏无法使用。

设计指导思想：
1. 在对基地各类条件进行充分研究的基础上，保持与相关规划设计成果的衔接及吻合。
2. 充分利用现有环境资源，因地制宜，创造一个和谐并具个性的校园景观。
3. 遵循文化建筑的设计规律，合理安排各类功能，创造富有活力的校园活动空间。
4. 探索与当地文化及时代特征更适宜的形象定位，反映地域特色。
5. 利用充足的建设条件，实现《汶川地震灾后重建学校规划建筑设计导则》的推广与运用。

本工程总用地面积47995平方米(本部31209平方米，分部16786平方米)，其中校舍建设用地45345平方米(25.19平方米/生，基本达到导则指标，并远大于当地标准)。规划总建筑面积为24505平方米(本部16358平方米，分部8147平方米)，新建建筑20650平方米，保留建筑3855平方米。其中校舍用房建筑面积16021平方米(8.90平方米/生)。校舍建筑层数控制在5层以内，总高度为19.95米。

本部校园建筑项目为:教学实验楼，科技图书楼，学生宿舍楼，食堂，保留办公楼，保留学生宿舍楼。

总平面图
Master Plan

云山烟水苦难亲
野草幽花各自春
赖有高楼能聚远
一时收拾与闲人

总体鸟瞰图
Bird View

教学楼透视效果图
Perspective of Lecture Buildings

教学楼透视效果图
Perspective of Lecture Buildings

彭州市葛仙山九年制学校及幼儿园

Gexianshan Middle School & Kindergarten, Pengzhou

08/2008

设计人员：沈国尧、马晓东、倪慧

本工程为彭州市葛仙山九年制学校、幼儿园重建工程。项目建设地点位于龙门山国家地质公园核心区内的葛仙山镇，临近西北侧镇界，距彭州市区约19公里。教育部原定建设项目为葛仙山九年制学校(18班)，后期彭州市决定在九年制学校旁加建一所6班幼儿园。

设计指导思想：

1. 整体的校园：探索与城市文化及时代特征更适宜的形象定位，反映地域特色，体现场所精神；将自然环境景观与功能布局相结合，建筑成组布置，相互围合，形成多个主题广场，塑造一体化的校园空间。
2. 交流的校园：在建筑布局紧凑高效的同时，经外部环境融入更多的交流空间，力图为师生营造更多富有活力的校园交往空间，体现“环境育人”。
3. 绿色的校园：充分利用现有环境资源，通过集中绿地、庭院、屋顶绿化，力求创造一个生态化、园林化的环境；充分利用太阳能、自然通风、采光，建设可持续发展的绿色校园。
4. 节约型校园：因地制宜，强调土地的科学合理、集约化利用，结合基地形状与自然朝向，建筑布局紧凑，形成高效、整体的建筑群体；采用功能和空间的叠合，提高单位土地的利用效率；合理安排各类功能，满足多种活动的使用要求，实现各类资源的最大共享。

本工程总用地26143平方米(约合39.2亩)，其中九年制学校用地24064平方米(约合36.1亩)，幼儿园用地2079平方米(约合3.1亩)。规划总建筑面积为116251平方米，其中九年制学校总体建筑面积为97901平方米，幼儿园总体建筑面积为18351平方米。九年制学校规模为18班，在校生840人，考虑346名学生住宿；幼儿园规模为6班，在校生180人，考虑学生午间休寝。

九年制学校由综合教学楼(含校行政办公、初中部教学及图书阅览)、综合实验楼(含教学办公及教学实验)、教学楼(小学部)、学生食堂、学生宿舍(含浴室、教工单身宿舍及学生宿舍)等组成。幼儿园为单幢建筑，包含幼儿教学活动、寝室、办公及辅助用房等多项功能。

总平面图
Master Plan

总体鸟瞰图
Bird View

幼儿园透视效果图

Perspective of Kindergarten

绵竹市其他援建公共建筑

Other Donated Public Buildings in Mianzhu

08/2008—08/2009

绵竹市第一示范幼儿园

No.1 Kindergarten of Mianzhu

11/2008—09/2009

项目负责人：马晓东、孙逊
项目组成员：谭亮、朱坚、吴晓莉、孙逊、王志东、刘俊、叶飞、周桂祥、陈洪亮、臧胜、周革利、张萍、余红、陈丽芳、童宁

绵竹市第一示范幼儿园位于四川省绵竹市剑南镇回澜大道70号，通过底层架空部分与北侧城市主干道——回澜大道相连。总用地面积4556平方米（6.83亩），总建筑面积3888平方米，建筑层数为三层，总高度13.31米。

该幼儿园为全日制幼儿园，建筑单体的平面布局充分考虑幼儿园教学与生活的特点、地方的气候条件，并满足冬至日首层满窗日照不小于3小时。

设计指导思想：
1. 幼儿活动用房分布于南北两栋楼，北楼三层，南楼两层，通过连廊相连。
2. 早教中心及亲子活动室、生活服务用房布置在北楼西端，靠近主要出入口。食堂和一些辅助建筑充分考虑当地的主导风向，布置在主导风向的下风区，同时保证对主要建筑的服务作用。
3. 幼儿室外公共活动场地布置在园内东南侧，与幼儿活动用房围合出舒适的院落活动空间。

立面细部
Detail of Facade

回 澜 大 道
回澜大桥
主入口
九龙巷
马尾河
积英桥
烟草专买局

主要经济技术指标：
总用地面积：6.83亩（4556平方米）
总建筑面积：3378.6平方米
建筑总高度：12米
建筑层数：3层
容积率：0.74
绿化率：30%

保留建筑面积：约1200平方米
重建后总建筑面积：约4578.6平方米

0 5 15m

总平面图
Master Plan

透视图

Perspective

透视图

Perspective

南立面视景
South View

绵竹市第二示范幼儿园

No.2 Kindergarten of Mianzhu

11/2008—09/2009

项目负责人：马晓东、孙逊
项目组成员：邓纹洁、贺海涛、刘俊、周桂祥、张辰、陈洪亮、张磊、臧胜、孟媛、朱坚、周革利、张萍、余红、陈丽芳、童宁

第二示范幼儿园位于四川省绵竹市剑南镇二幼巷。总用地面积9383平方米（14.07亩），总建筑面积3841平方米，建筑层数为三层，总高度15.15米(室外地坪至屋顶水箱间檐口最高点)。

设计指导思想和特点：
1.考虑建筑基地的具体特征、功能要求和发展情况，合理布置总平面。建筑靠近用地西侧及北侧布局，内部为活动场地，东南部留有发展用地。
2.简洁规整的平面形式，强调以功能为前提的实用原则，注重节能、环保、生态的设计思想。
3.建筑造型简洁大方，色彩明快，贴近幼儿园教学生活需要。外墙以白色为主基调，内凹空间界面饰以彩色涂料，营造活泼轻松的气氛。
4.在满足功能及其他各项需求的前提下，合理控制造价，遵循经济性原则。
5.建筑设计充分考虑当地气候特点及主导风向等因素，建筑各部分之间以外廊相互联系，通风良好。北侧外廊采用彩色半透明中空阳光板，既可挡风遮雨，又可丰富立面造型。屋面、外墙采用保温隔热设计。

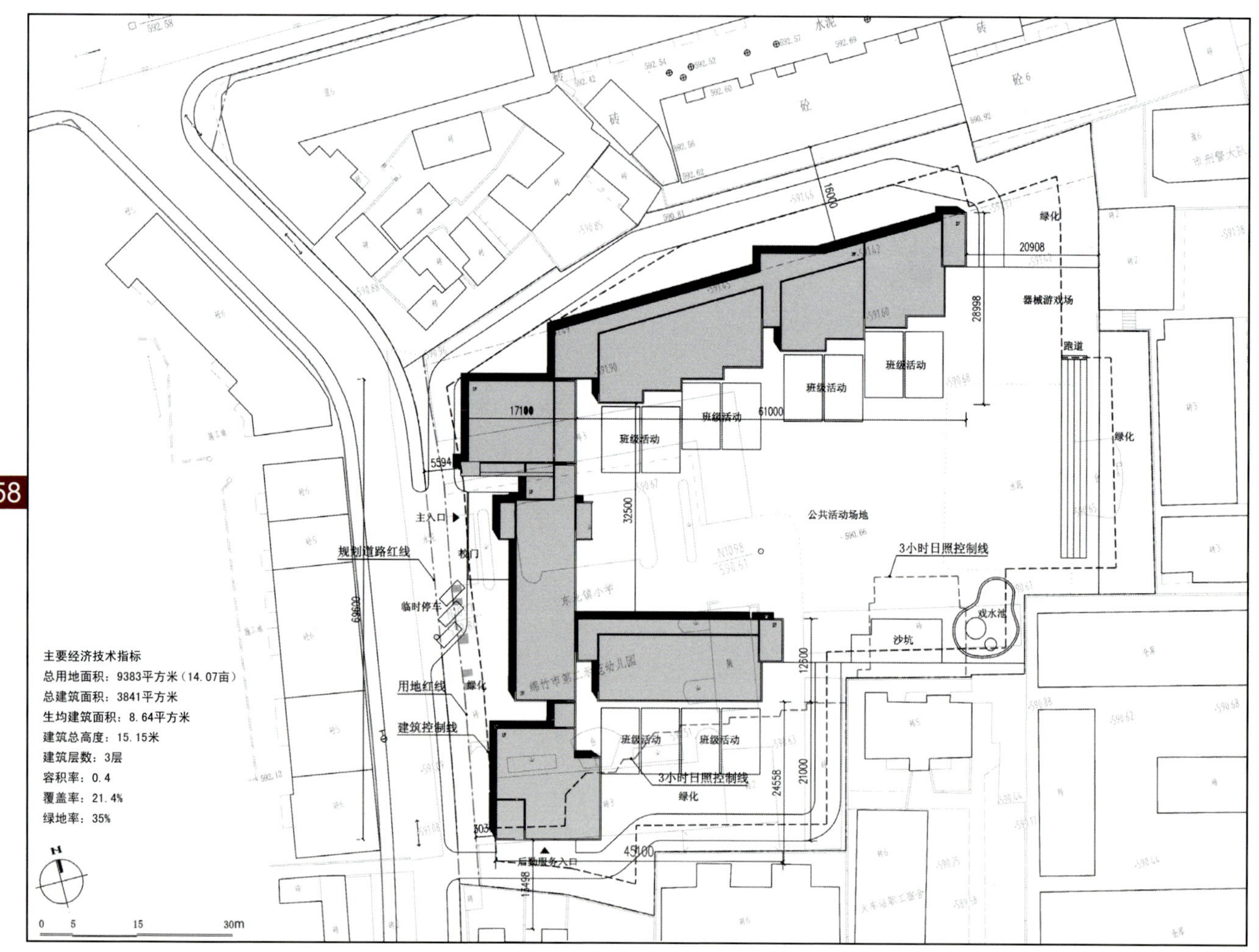

总平面图
Master Plan

入口视景
Entrance View

东侧视景
East View

庭院视景
Countyard View

立面细部
Detail of Facade

绵竹市第三示范幼儿园

No.3 Kindergarten of Mianzhu

11/2008—9/2009

项目负责人：张宏、王剑
项目组成员：邵如意、崔力强、马晓东、羊龄高、顾炎斌、孙逊、鲍迎春、吴晓枫、王志东、周桂祥、朱小林、周革利、张萍、余红、陈丽芳、童宁

该项目由东南大学建筑学院张宏教授负责组织与设计工作，怀着对灾区的救助热情，设计组成员以高度的社会责任感和负责的态度完成了幼儿园的设计工作。设计过程中，设计组通过实地调研走访，统筹考虑了震后灾区儿童的心理特点以及幼儿园的设计需求。

方案设计：功能布局方面，教师办公区与幼儿班级明确分区，幼儿班级南北朝向布置；交通方面，入口处设置对外停车场，内侧设置对内停车场；空间环境方面，结合屋顶活动平台，在场地不大，并被居民区包围的情况下，给园内留有充足的室外活动场地，并在园内布置相应的游乐设施，庭院内部多植树木花草，优化幼儿生活和活动环境。

技术指标：项目用地5998平方米(9亩)；总建筑面积：3922平方米；容积率：0.65;绿地率：25%；建筑层数：3层；高度：11.1米。

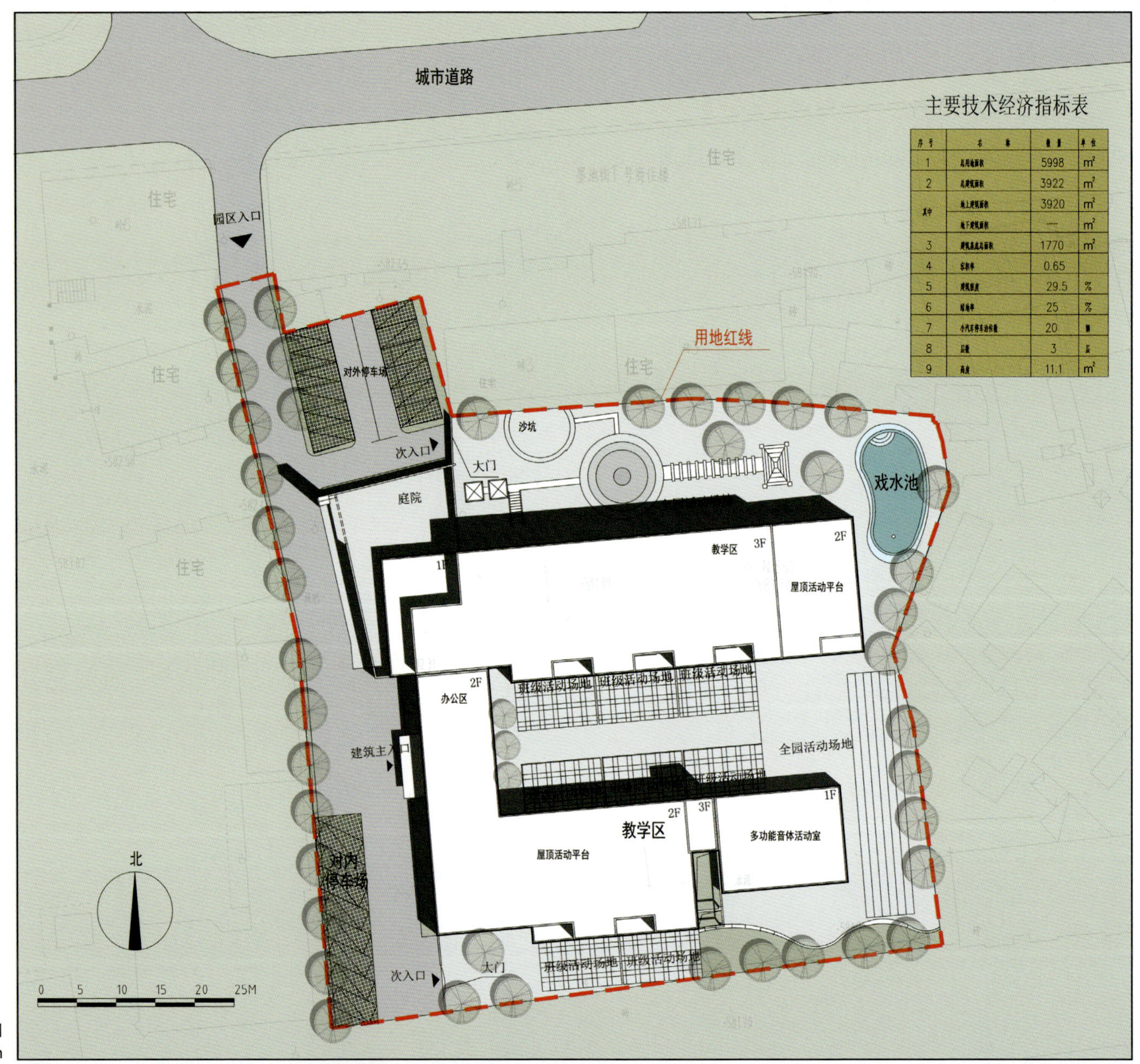

主要技术经济指标表

序号	名称		数量	单位
1	总用地面积		5998	m^2
2	总建筑面积		3922	m^2
其中	地上建筑面积		3920	m^2
	地下建筑面积		—	m^2
3	建筑基底总面积		1770	m^2
4	容积率		0.65	
5	建筑密度		29.5	%
6	绿地率		25	%
7	小汽车停车泊位数		20	辆
8	层数		3	层
9	高度		11.1	m^2

总平面图

Master Plan

幼儿园内院视景
View of Courtyard

幼儿园北侧视景
North View

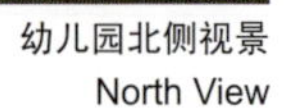

幼儿园北侧视景
North View

幼儿园主入口视景
Main-entrance View

幼儿园内院视景
View from Courtyard

绵竹市救助管理站

Penitentiary, Mianzhu

12/2008—09/2009

项目负责人：张宏、殷伟韬、邵如意
项目组成员：马晓东、施明征、钱洋、张咏秋、史青、史海山、钱锋、周革利、张萍、余红、陈丽芳、童宁

该项目基地位于绵竹市西南镇檀兴村八组，绵竹汽车南站西侧，一条规划中的道路由基地南侧经过，是基地唯一的对外通道。基地面积7.73亩，根据要求，建筑需安排办公、受助人员宿舍及相关配套设施。场地内地质均匀，地面标高在583米左右。

生活楼周边有环通的车道。南侧正中为生活楼的主入口。北侧正中为厨房入口。东西两侧南北方位各有四个疏散出入口。

根据建筑性质，办公部分与受助部分分开，办公区居于前，受助区居于后。受助区分为三部分：成年男性区、成年女性区、未成年区。未成年男女在管理上也分开。成年人救助区由餐厅分割为男女两区，构成两个独立的庭院，未成年区的庭院由两个L形的建筑围合而成，在两翼设置食堂及公共用房和活动室，功能上设置有管理服务用房、监控中心、登记以及管理人员宿舍等。

整体的建筑形象简洁朴素，建筑主体采用白色涂料，局部使用青色面砖，另外局部装饰有不锈钢材质结构，形成简约而不失韵味的面貌，同时也不乏宜人尺度，并且造价便宜，亲和力强。整体造型上呈现出外形简洁内部丰富的状态。

救助管理站南侧视景
South View of Penitentiary

救助管理站入口
Main-entrance

建筑立面细部
Detail of Facade

入口门厅天窗透视
Skylight Perspective of Entrance Hall

绵竹市城南中学

Chengnan Middle School，Mianzhu

08/2008—08/2009

项目负责人：曹伟、王剑
项目组成员：吕再云、沈国尧、王鹏、倪慧、施明征、羊龄高、周炫、韩冶成、吴晓枫、史青、张兵、钱锋、龚德建、金柏、王耀亨、周革利、张萍、余红、陈丽芳、童宁

项目建设用地位于东北镇双胜村一组，校园总占地面积36230.5平方米，总建筑面积19050平方米，校舍建筑面积13330平方米，学生宿舍建筑面积5720平方米。规划设计的校区要保证中学24个教学班规模，其中每个年级8个班，每班50人，在校学生1200人。

设计理念：1.整体性、合理性：校园规划整体、有理、有序，各部分功能分区清晰合理。2.开放性、多样化：以人为本，创造符合中学生性格特征的，多层次、立体化、丰富而有趣味性的校园空间。3.识别性、风格化：校园整体形象于规整中求变化，细节设计精致细腻，亲切近人，局部采用体现时代感的新型材料，并与传统建材相结合，建筑风格鲜明，具备可识别性。

整体布局：根据基地特点，按使用和管理的性质等将整个校园划分为“教学综合区”、“学生生活区”两个相对独立的功能区，各功能区之间由连廊或平台等相连，并根据主次、动静联系与分隔等不同要素加以组织，使各区之间既联系方便，又不会相互干扰。机动车道沿基地外边缘环通，内部为步行区域，满足防火规范要求。主体教学建筑呈“S”布置，这样自然形成两个广场，一个朝外的广场，一个相对围合的内部广场。精心处理入口广场和楼间庭院，强调环境的意境和绿化空间的实用性，在本身用地较为紧张的条件下，尽可能多地采用硬质铺地，以提供活动场地。

景观大道

规划路

金陵大道

主要经济技术指标	主要建筑物面积表
学生规模：24班（1200人）	一、教学区：8860平方米
规划总用地：36230平方米	其中：教学楼：3220平方米
总建筑面积：19050平方米	综合实验楼：5360平方米
建筑密度：22.2%	二、生活区：8200平方米
容积率：0.53	其中：学生宿舍：6080平方米
绿化率：33.5%（不含运动场地）	学生食堂：21200平方米
机动车集车数量：8辆	三、体育区(风雨操场)：1530平方米

总平面图
Master Plan

透视图

鸟瞰图
Bird View Perspective

绵竹市城北中学

Chengbei Middle School，Mianzhu

08/2008—08/2009

项目负责人：曹伟、毛烨

项目组成员：曹晖、赵斌、沈国尧、王鹏、翁翊暄、万小梅、王剑、施明征、王剑飞、黄明、张咏秋、史青、史海山、钱锋、周革利、张萍、余红、陈丽芳、童宁

该项目用地位于绵竹市东北镇联合村六组，校园总占地60000平方米，总建筑面积31327平方米。教学楼建筑面积13934平方米，行政办公楼建筑面积1154平方米，风雨操场建筑面积2358平方米，宿舍建筑面积10755平方米，食堂建筑面积2645平方米，生活辅楼建筑面积481平方米， 建筑密度15.7%。规划设计的校区保证初中24班、高中18班教学规模，其中每班50人，在校学生2100人，住校生按在校学生100%计。

整体规划：校园规划整体、合理、有序，各部分功能分区清晰合理。根据基地特点，按使用和管理性质将整个校园一西一东划分为主要教学功能区域和运动区域两个大的功能区块。在西侧的主要教学功能区域内又从南到北划分为“办公区”、“教学区”、“生活区”三部分。各功能区块之间相对独立，又通过连廊或平台相连接，联系方便又不会相互干扰。

建筑设计：建筑及空间设计以人为本，创造符合中学生性格特征的，多层次、立体化、丰富而有趣味性的校园空间。面向校园主入口设计广场，形成开阔的校园入口形象。教学楼东侧底层架空，面向绿化环境，使建筑与环境自然融合，优化建筑空间质量。同时结合教学楼的布局形成两个庭院空间，为学生提供课间活动场所。宿舍围合形成两个生活庭院，满足日照及学生日常活动要求。在食堂南侧与教学楼间设置绿化隔离带，形成公共活动场所。

主要技术经济指标表

	名称	数量	单位
	总用地面积	6000[illegible]	M^2
	总建筑面积	3132[illegible]	M^2
	教学楼建筑面积	13934	M^2
	行政办公楼建筑面积	1154	M^2
	风雨操场建筑面积	2358	M^2
	宿舍建筑面积	10755	M^2
	食堂建筑面积	2645	M^2
	生活辅楼建筑面积	481	M^2
3	建筑基底总面积	9442	M^2
4	容积率	0.52	
5	建筑密度	15.7	%
6	绿地率(不含运动场地)	34.5	%

总平面图

总平面图

Master Plan

鸟瞰图
Bird View Perspective

入口视景

Entrance View

德阳市第五中学高中部

The Fifth Senior High School, Deyang City

01/2009

设计人员：葛爱荣、沈国尧、高泳、倪慧、张澜

德阳市第五中学高中部为德阳市恢复重建规划布局调整的建设学校，由德阳五中、孝泉中学、德阳市嘉陵江路学校三校合并，择地于德阳市旌阳区黄河片区青衣江路以北700米、秦岭山路与千山路之间异地恢复重建，占地13.65公顷（约205亩）。新建学校服务于德阳市6县（市、区）380万人口，校园规模为90班4500学生，住校率80%，住校生3600人。

根据学校规模及学生活动空间的使用，将学校划分为“教学区”、“生活区”及“体育区”三大相对独立的功能分区，呈“品”字布局。两方案均以教学区中心绿化广场为核心，以东北侧保留的现状山形地貌为基础形成生态景观核。

方案一，总建筑面积58860平方米。围绕中心公共教学区形成环状主干道，结合生活区组织次干道，各功能区之间组织学生步行交通，以此创造收放有序的校园空间。保留现状沟渠并加以调整，创造丰富的濒水生态景观，东侧学生食堂依山就势，借由体型的错落构筑丰富的室内外环境。

方案二，总建筑面积58750平方米。围绕中心公共教学区及风雨操场形成环状主干道，结合大小广场组织学生步行交通，形成丰富多变的校园空间。根据实际需求取消或暗埋沟渠，以获得充足的室外活动空间，东北侧山体开敞，使山林生态景观很好地融入校园环境之中。

方案一总平面图
Proposal 1: Master Plan

方案二总平面图
Proposal 2: Master Plan

绵竹市就业和社会保障综合服务中心

Multifunctional Service Centre, Mianzhu

10/2009—11/2009

项目负责人：高崧、袁玮

项目组成员：穆勇、方伟、朱坚、王志明、黄凯、孙逊、贺海涛、王志东、刘俊、屈建球、周桂祥、臧胜、李骧、陈洪亮、余红、童琳、陈丽芳、周革利、孙菲、郑硕、谷敏、林栋

本项目位于四川省绵竹市，建设用地东临创新路，北临顺发路，西临景观大道，南临安国路。北侧的广电中心、档案局、国土局，与其构成完整的行政办公区。建设用地呈矩形，地势基本平坦，比城市道路略低，须少许填方。建筑内集中绵竹市多个行政部门对外办公窗口为一体，建成以利用网络时代数字化管理，以“服务”为核心，以“高效”为目标的现代化办公模式的政务办公大楼。

设计指导思想和特点：

1. 建筑设计从中国式院落建筑形态出发，通过积极的院落对话来组织功能空间，外部形态布局严整，符合政府建筑外在形象，并形成对场所的控制力。
2. 建筑内部空间采用岛式布局，从最初的平面设计开始就以优化人员流线为目标，力求建设出新型的行政服务中心，延续城市肌理，与周围环境相融合。
3. 建筑功能上采用办公与市民服务分离，通过不同的人员流线和空间划分来使其互不干扰，提高工作效率，整体功能分区简洁明确。
4. 建筑设计与城市设计相结合，考虑城市发展与周边建筑肌理，建筑单体采用简洁有力的体型，使之融入严整的城市界面。
5. 造型简洁大气、庄严、稳重，其立意在于树立新时代新型政府建筑形象，建筑表达着可持续发展与和谐社会的理念。

办公楼总建筑面积16888.90平方米。

建筑高度17.70米。

建筑层数地上4层，局部地下1层。

鸟瞰图

Bird View Perspective

沿街透视图

Perspective along Street

绵竹市农民住宅设计

Design of Farmers' House, Mianzhu

08/2008

设计人员：吴锦绣、张彤、张玫英、杨靖、邓浩、徐小东、姜清玉

设计指导思想和特点：

1. 借鉴川西建筑特点，符合当地农民生活方式以及气候特点。
2. 户型紧凑，体现节地原则，双层布置，适合5人以上家庭居住。
3. 充分利用自然采光通风，利于节能，经济性好。
4. 平面简单，模数化设计，构建种类少，便于统一施工，建设速度快。
5. 使用当地材料，充分利用沼气及适宜生态技术，达到可持续发展要求。

平面
Floor Plan

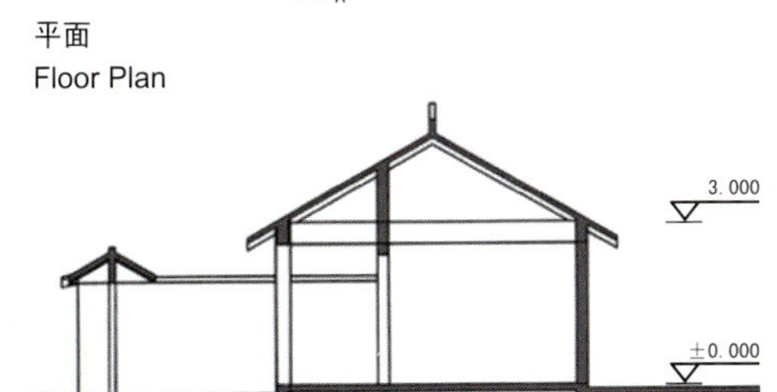

剖面
Section

1～2人户型

House for 1～2 Persons

宅基地：60平方米

建筑面积：60平方米

附属用房面积：23平方米

3～4人户型

House for 3～4 Persons

宅基地：90平方米

建筑面积：90平方米

附属用房面积：23平方米

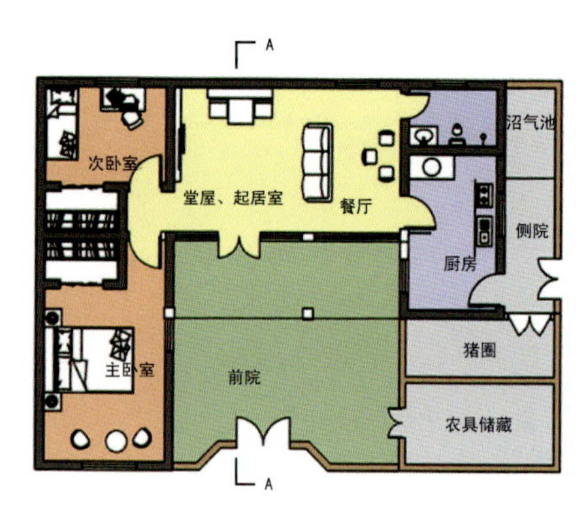

平面

Floor Plan

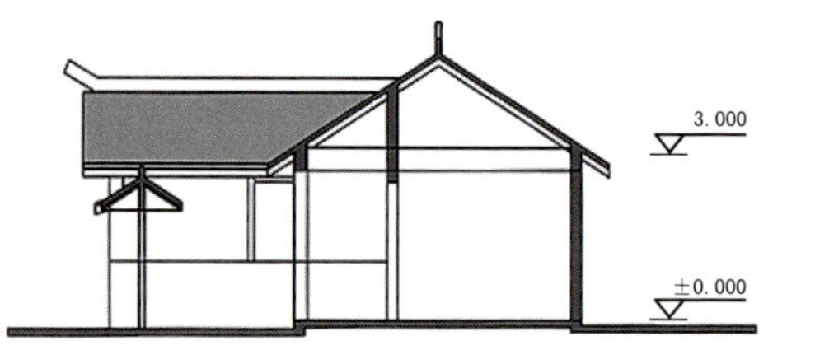

剖面

Section

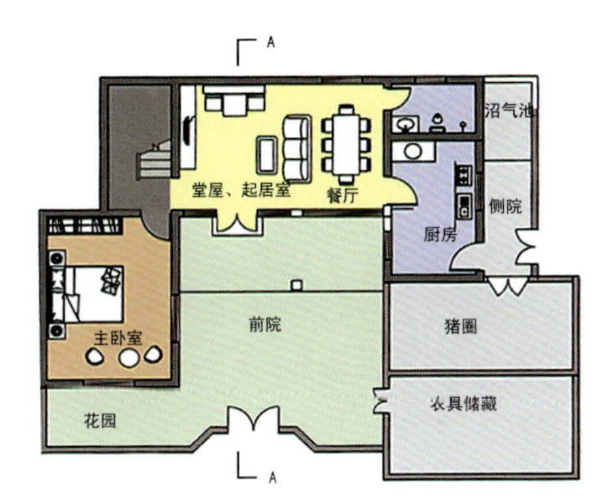

一层平面
Ground Floor Plan

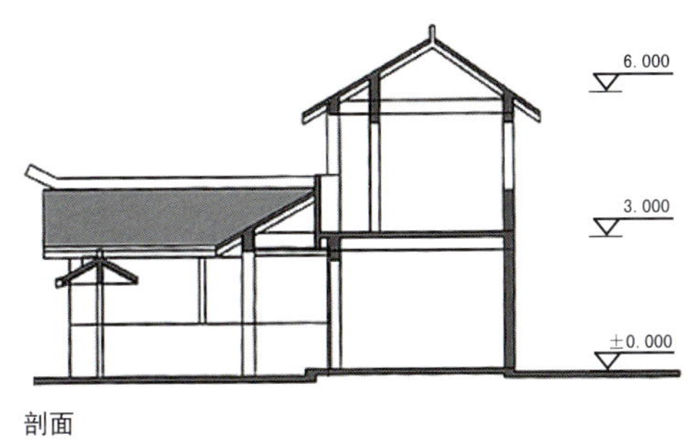

剖面
Section

4～5人户型
House for 1～2 Persons
宅基地：80平方米
建筑面积：150平方米
附属用房面积：40平方米

5人以上户型

House for more than 5 Persons

宅基地：88平方米

建筑面积：150平方米

附属用房面积：40平方米

一层平面

Ground Floor Plan

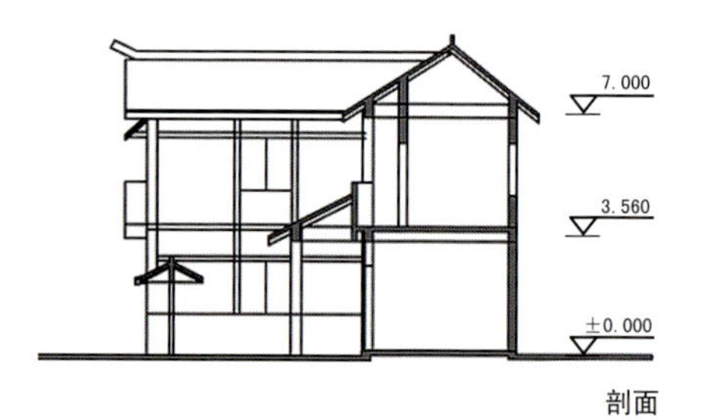

剖面

Section

预防地震灾害的建筑专题研究

Research on the Prevention of Earthquake Disasters

地震·建筑·预案

地震灾害的建筑预案研究

Research on the Prevention of Earthquake Disasters

课题来源：中国科学技术协会、中国建筑学会课题
课题编号：2008ZCYJ31

08/2008—08/2009

项目主要完成人：王建国、龚恺、阳建强、张彤、熊国平、王兴平、吴晓、方立新等

中国建筑学会受中国科学技术协会委托，承担“地震 建筑 预案——地震灾害的建筑预案研究”课题，课题编号2008ZCYJ31，起止年限为2008年6月至2008年12月，中国建筑学会委托东南大学建筑学院承担城市规划防灾预案体系研究和山地建筑防灾减灾研究。2008年6月至2008年9月，项目组对四川汶川大地震进行实地调研、分析，确定具体研究方向、目标，2008年9月至2008年12月，东南大学建筑学院项目组开展城市规划防灾预案体系研究和山地建筑防灾减灾研究，多次与中国建筑学会沟通，并与清华大学、广东省建筑设计研究院等协调，于2008年12月底完成初步成果，包括专报和研究报告，提交中国科学技术协会，指出城市抗震减灾的重点问题，包括城市用地的合理选址研究、城市抗震减灾应急预案研究、城市抗震减灾组织管理体系研究等，提出城市规划层面抗震减灾建议，包括编制城市用地抗震评价规划、完善城市抗震减灾应急预案、健全城市抗震防灾体系等。

第一部分：山地建筑
1. 山地建筑
2. 山地建筑的形态
3. 山地建筑的空间形态
4. 山地建筑的结构类型

第二部分：山地建筑受地震灾害的情况
1. 地震灾害
2. 中国的地震灾害
3. 山地建筑受地震灾害的影响

第三部分：国外及我国的山地建筑抗震措施
1. 国外山地建筑抗震措施
2. 我国山地建筑抗震措施

第四部分：易造成震灾的山地地形地貌和地质构造
1. 山地地震场地效应
2. 山地次生灾害影响

第五部分：山地建筑群的抗灾防灾
1. 临近建筑的防灾抗灾
2. 山地建筑群落的灾害防治

山地建筑的空间形态

1）线网联系型

山地建筑的空间骨架呈线型或线网交织型。

2）踏步主轴型

一种极具山地特征的空间形态。以踏步为“脊梁”组织建筑的各个部分（或各个单体）。案例：四川西沱镇

3）层台组合型

据地形的高差和建筑功能的需要，建立若干个平台，通过踏步或坡道联系，组成高低变化的空间体系。案例：重庆民居

4）空间主从型

以一个主体空间为核心，将建筑的其他部分环绕周围与之相联系。案例：四川犍为县罗城

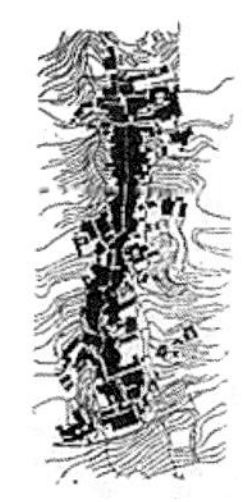

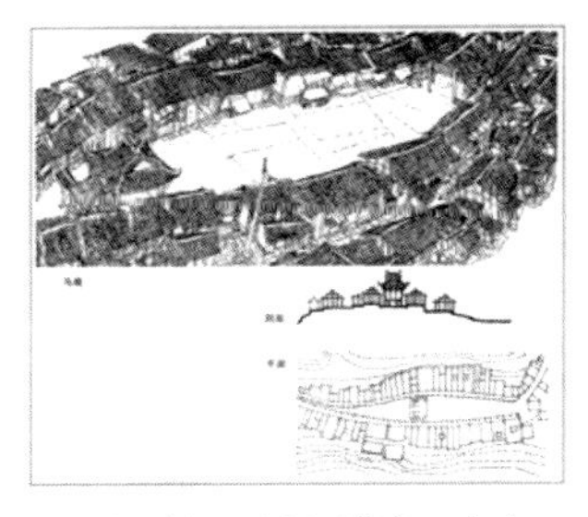

山地建筑的接地形态是山地建筑与自然基面相互关系的概括和描述，它表现了山地建筑克服地形障碍、获得使用空间的不同形态模式。

对山地生态环境的保护、建筑形体的产生具有重要的意义。

对山地建筑的接地形态的研究分成三类：地下式、地表式、架空式。

按照地形和建筑之间的关系，可以归纳为3种类型：

1）地形适应建筑

在建筑设计之前，有意识对地形改造来获得水平的场地基面，满足建筑水平界面的放置，这是最常见和最基本的“筑填”策略。

2）建筑适应地形

出于生态和经济目的，对地形基本不作改造，而是通过建筑水平及竖向界面的变化适应地形。“架跨”、“附崖”等策略属于此种类型。

3）建筑和地形互相适应

综合而全面地权衡利弊关系，建筑界面和地形均各自作出适当变化，互相适应。这种方式对自然地形和生态环境扰动较少，可以使建筑造价最低，地形和建筑之间的相互关系更融合协调。“掉跌”、“入地”、“弯转”、“分联”等策略都属于这种类型。

山地建筑受地震灾害的影响

山地建筑区别于平地建筑的最大之处是各自所处的环境不同。山地建筑受地震灾害的破坏是多种多样的，主要有三方面：地震时地表振动破坏、地基失效引起的破坏、次生效应引起的破坏。

1）地震时地表振动破坏

地震波引起的地面振动，通过基础传到建筑物，引起建筑物本身的振动。通常建筑物是按静力设计的，没有考虑动力影响。地震真的振动对建筑物的破坏作用是很复杂的，破坏程度由很多因素综合决定：

① 地震波的周期

通常认为周期为0.05s到2s之间的振动对一般建筑物危害性最大。

② 共振作用

③ 地基影响

对大多数类型的房屋来说坚实地基优于松软地基。但刚性建筑修建在松软土上能减少震动的加速度。

④ 竖直向和旋转地震力的作用

通常只考虑水平向地震力的作用。但有些构件易受竖向地震加速度的损害。某些构筑物受围绕竖直轴旋转的地震力的损害，如松软地基上的烟囱等。

⑤ 地基相对位移的作用

地质介面的两侧，振动常有不同。如分界面的道路、水渠、管线等易受破坏。

⑥ 多次振动效应

2）地基失效引起的破坏

当加速度较小或地基坚实时，地表具有弹性性质，反之则地表层或下垫层可能达到屈服点。地基承载力下降将使建筑物下沉。

建筑物位于断层上，其下的断层移动3～5厘米就可能对结构产生灾害性的影响，沿活动断层带经常出现破裂或塑性形变。这里的建筑破坏主要就是地基错动所致。

3）次生效应引起的破坏

在陡峭山区和丘陵地带，破碎的岩石和松散的表土在地震时与下卧岩石土层脱离，引起崩塌、滑坡或泥石流。

山地建筑群的抗灾防灾

建筑群选址

对抗震有利的地段：

1）平坦场地或地貌单一的平缓坡地；2）地层由坚硬土层或均匀的中硬土层构成；3）地下水埋藏较深。

对抗震不利地段：

1）条状凸出山嘴；2）高耸孤立山丘；3）非岩质陡坡；4）河岸和边坡的边缘；5）多种地貌交接部位； 6）存在软弱土、可液化土；7）岩性分布不均的土层。

建筑群的结构选型

1）相邻建筑的结构刚度不同

由于两侧建筑的结构刚度不同，因此两侧的振动特性也不同。

2）连续横墙/纵墙

对于纵墙或横墙承重的房屋，由于其另一方向的约束墙体少、间距大，刚度较弱，空间刚度和整体性都较差，抗震性能低。在高烈度区时，墙体由于平面外的失稳先行破坏，进而引起整个房屋的倒塌，并会危及周边的房屋。而两个方向承重墙体布置适当的纵横墙联合承重房屋，由于其限制纵墙的侧向变形，增强了空间刚度和整体性，对承受纵横两个方向的水平地震作用，以及抗弯、抗剪都非常有利，因而震害比单一纵墙或横墙承重房屋要轻得多。

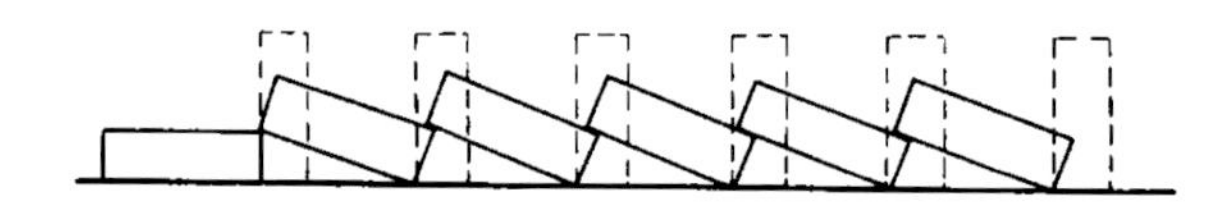

底部框架一抗震墙房屋的结构布置，应符合下列要求（强制条文）：

上部的砌体抗震墙与底部的框架梁或抗震墙应对齐或基本对齐。

房屋的底部，应沿纵横两方向设置一定数量的抗震墙，并应均匀对称布置或基本均匀对称布置。

相邻建筑的变形缝/防震缝

1）防震缝两侧的振动特性不同，如果防震缝宽度不够，有可能发生碰撞导致震害。

2）两栋建筑物墙体贴砌，地震时相互挤压，底层柱中部剪断。

3）变形缝可以作为防震缝来使用，但为了抵御大型的地震灾害，变形缝处应采用柔性连接。

相邻建筑的加固

绵竹市汉旺镇政府办公楼坍塌，邻近两栋房屋采用唐山地震后提出的外包构造柱、圈梁加固，未发生倒塌。证明了这一传统加固方法的有效性。

楼梯间刚度低产生的坍塌

变形缝宜采用柔性连接

建筑进行圈梁加固

附录
Appendix

东南大学参与援助汶川 “5.12”特大地震抗震救灾及灾后重建人员名单：
（以姓氏拼音字母为序）

东南大学建筑设计研究院：

柏晨、鲍迎春、曹晖、曹伟、陈聪、陈洪亮、陈俊、陈磊、陈丽芳、崔力强、戴何、单红宁、邓纹洁、范大勇、方伟、高崧、高泳、葛爱荣、龚德建、顾频捷、顾炎斌、郭维、郭学军、韩治成、韩重庆、贺海涛、黄凯、黄明、蒋剑峰、蒋炜庆、金柏、孔晖、李大勇、李骥、李练英、李艳丽、凌洁、刘俊、刘弥、刘又南、吕再云、罗振宁、马晓东、马志虎、毛烨、孟媛、穆勇、倪慧、齐昉、钱锋（电）、钱锋（建）、钱洋、秦邵冬、屈建球、沈国尧、施明征、史海山、史青、史晓川、孙逊、谭亮、汤景梅、唐超权、唐伟伟、唐小简、陶金、童宁、万邦伟、万小梅、汪健、王剑、王剑飞、王鹏（大）、王新跃、王耀亨、王颖铭、王志东、王志明、翁翊暄、吴晓莉、吴晓枫、吴云鹏、徐明立、许东晟、许巍、许轶、羊龄高、杨德安、叶飞、殷伟韬、余红、袁玮、袁星、臧胜、张兵、张辰、张程、张澜、张磊、张萍、张咏秋、章敏婕、赵斌、赵元、赵志强、智家兴、周革利、周广如、周桂祥、周文祥、周炫、朱坚、朱筱俊、竺炜、庄昉、邹莉、朱小林

东南大学建筑学院与城市规划设计研究院：

教师名单：

安宁、鲍莉、邓浩、段进、方立新、龚恺、顾震弘、韩冬青、姜宇平、孔令龙、赖自力、李德慧、陆莉、邵润青、王建国、王敏、王兴平、吴锦绣、吴晓、熊国平、徐春宁、徐小东、阳建强、杨靖、杨俊宴、张宏、张军、张玫英、张彤、周慧、周颖、朱仁兴

学生名单：

陈黎娟、爨博宁、丁琼、方宇、符彩云、耿涛、谷敏、洪沛竹、胡畔、黄国星、姜清玉、李媚、李沂原、林栋、骆殿坤、裴峻、秦笛、权丹、邵如意、孙菲、孙海霆、唐魁、王敏、王松杰、吴珏、吴增鑫、席震、谢薇佳、羊烨、杨扬、姚昕悦、袁新国、赵玥、郑硕、职朴、都磊、赵虎

后记

Epilogue

值此“5・12”汶川特大地震两周年前夕，恰逢我们参与设计的援建项目陆续完工交付之际，我们希望以纪实体的方式来客观全面记录东南大学建筑学科的师生和工程技术人员在抗震救灾及灾后重建中所参与的项目，《建筑的责任》一书是为此项特殊工作的总结与汇报。书中所涉及的事件、项目、人员与时间力求全面准确，如有疏漏之处，欢迎指正。

编辑的过程让我们再次回顾过去近两年间灾后现场、抗震救灾第一线、灾后重建等的情景，这其间凝聚了我们东南大学建筑学科的师生和工程技术人员感自内心的责任和爱心。看到援建项目陆续建成，曾经的灾区百废正兴，不禁感慨万千，既骄傲于我们的同事、同行们的心血，也又一次感受到心灵的震撼。

本书从起意、策划、材料组织与整理及至校样付印，前后不过月余，若没有各家单位的领导、同行与朋友们的关心、支持和帮助，按期完成是无法想象的。齐康院士在百忙之中指示要将灾后重建项目的设计工作汇编成书，东南大学建筑学院的王建国院长、安宁书记，东南大学建筑设计研究院的郭学军书记、高崧副院长，东南大学城市规划设计研究院段进副院长等在本书的编辑工作之初即给予了指导和组织，使得材料的收集汇总得以顺利迅速地进行，为本书按时出稿奠定了基础。材料收集过程中，东南大学建筑学院的王建国院长、韩冬青教授、徐春宁老师、王兴平教授、张宏教授、周颖副教授、顾震弘老师，东南大学建筑设计研究院的郭学军书记、张澜、刘弥，东南大学城市规划设计研究院朱仁兴主任等都提供了极为丰富的一手素材。赖自力老师、耿涛博士和孙海霆同学远赴四川拍摄了高质量的建成项目实景照片。他们的工作使得本书的内容得以为此丰满充实，且图文并茂。东南大学建筑学院王建国院长和东南大学建筑设计研究院的葛爱荣院长亲自带队参与灾后重建的设计工作，东南大学建筑设计研究院的郭学军书记也亲笔著义记述该院在抗震救灾和灾后重建中所做的工作。而亲赴现场指导并参与工作的东南大学建筑设计研究院沈国尧总建筑师、高崧副院长、马晓东副总建筑师及曹伟所长、张澜副所长、陈聪、刘弥、蒋炜庆、毛烨等建筑师们都以不同方式记录下自己的工作感言，一一读来，欷歔感人。惜因篇幅所限，书中未能全部收录，在此一并致谢及致歉。在短短二十天内对浩如烟海的素材进行组织、整理及排版是个极大的挑战，此项工作的按时完成离不开东南大学出版社建筑分社戴丽社长和魏晓平编辑的大力支持，东南大学建筑设计研究院的曹媛以及建筑学院研究生李沂原、孙海霆、职朴、唐魁、羊烨、洪沛竹、裴俊、姜清玉等同学加班熬夜，不辞劳苦，付出了大量的劳动。

付梓之际，谨以此记向所有参与“5・12”汶川特大地震抗震救灾和灾后重建工作以及为本书出版作出贡献的人们致以我们最深忱的谢意！

编者

2010.04.11